城市节约用水技术丛书

生活用水器具与节约用水

北京市城市节约用水办公室

中国建筑工业出版社

图书在版编目(CIP)数据

生活用水器具与节约用水/北京市城市节约用水办公室. —北京:中国建筑工业出版社,2004
(城市节约用水技术丛书)
ISBN 7-112-06330-2

Ⅰ. 生… Ⅱ. 北… Ⅲ. 节约用水-设备
Ⅳ. TU991.64

中国版本图书馆 CIP 数据核字(2004)第 008272 号

责任编辑:刘爱灵
责任设计:孙　梅
责任校对:黄　燕

城市节约用水技术丛书
生活用水器具与节约用水
北京市城市节约用水办公室
*
中国建筑工业出版社出版、发行(北京西郊百万庄)
新 华 书 店 经 销
北京建筑工业印刷厂印刷
*

开本:787×960毫米　1/16　印张:8¼　字数:160千字
2004年4月第一版　2004年4月第一次印刷
印数:1—5,000册　定价:**18.00**元
ISBN 7-112-06330-2
TU·5585(12344)

版权所有　翻印必究
如有印装质量问题,可寄本社退换
(邮政编码 100037)

本社网址:http://www.china-abp.com.cn
网上书店:http://www.china-building.com.cn

《生活用水器具与节约用水》编辑委员会

主　　任：阜柏楠

副 主 任：林　铎　张　萍

主　　编：刘　红

执行主编：刘金泰

副 主 编：何建平

主　　审：左亚洲

参加编写人员：李绍森　齐　旭　杨东明　边凤春

序　言

对水资源紧缺的区域,节约用水必属持续发展关注的永恒主题。水源的开拓、废水的再用、生产方面节水工艺的研究和开发等均为不可或缺的努力方向。节约生活用水也是一个极为重要的方面,其技术路线特点是更加注意以人为本的原则,以保证生活用水的安全、卫生、方便作为节约用水的前提。

在我国经济高速发展的今天,人们生活水平不断攀升,各类居住、办公、商业、公用建筑的标准不断提高,很大程度表现在盥洗、厕、浴、厨方面,而其中生活用水器具的品质常成为建筑水平的标志。

世界近年的发展可以看到生活用水器具及五金配件的趋势,有一类属高档精品,其材质精良、工艺精细、艺术性强、价格昂贵;另一类属应用于广大建筑内的类型,它们易清洁、好维护、坚固耐用、价格适中。也还有针对市场各种层面的多种类型,例如公用建筑的盥洗五金配件就注意人们不愿用手去操纵的卫生要求等,在提高生活品质方面的用水家电产品也算一个类型。统观各类生活用水器具的特点,不论属什么类型,它们总具备节约用水的内在技术含量。既有耐用防滴漏的间接节水的效能,也有更先进的设计带来使用中节水的直接效能。世界生活用水器具及五金配件的节水动向,近年来在我国有着广泛而深刻的体现。

本书从多年来生活用水器具及五金配件的检测、研发和标准的制定等方面,调研收集了大量技术信息,用图文详细系统地介绍给广大读者,期望能对专业工作者研发新产品有启发作用;对建筑设计、设备维修和物业管理人员了解维修和选购产品起到专业教材的作用;对广大的用水民众有普及知识的作用;对全社会节约用水从意识上、原理上、措施上有很好的推动作用。

技术在进步,产品在发展,节水的主题却是永恒的,愿这类书籍不断编撰问世。

北京市建筑设计研究院总工程师

2003 年 8 月

前 言

随着社会经济的发展和城市规模的扩大,水资源匮乏的矛盾日益加深,供水不足成为阻碍许多城市继续发展的普遍问题。

北京是严重缺水的城市,北京市人均水资源不足 $300m^3$,是全国人均水资源量的 1/8,世界人均水资源量的 1/30。面对水资源短缺日趋严峻的形势,北京市采取各种措施,下大力气抓节约用水工作,而推广行之有效的节水器具是缓和城市用水供需矛盾的重要措施之一。节水器具与人们日常生活息息相关,节水器具的性能对节约生活用水有着举足轻重的作用,而且开发、推广和管理对于节水也是极其重要的。

为此,北京市城市节约用水办公室按照市政府的有关要求,多年来积极组织了节水器具的研究、开发工作,并在全市各级政府、各行各业和广大市民的共同努力下,使节水型器具得到推广和普及;并在工作的实践中,总结和归纳了一些节水器具推广工作的经验。为此,北京市城市节约用水办公室组织编写了《生活用水器具与节约用水》一书。目的在于总结经验,以利于今后节水工作的发展。

北京市城市节约用水办公室何建平、李绍森负责并组织资料收集工作,北京市公用事业科研所刘金泰主要执笔。

本书的编写得到了北京市市政管理委员会的指导,在此表示衷心的感谢。

由于水平有限,书中难免出现错误和不妥之处,敬请读者不吝指正。

编 者
2003 年 9 月

目 录

第1章 概述 ………………………………………………………………… 1
  1.1 北京市生活用水器具现状 ………………………………………… 1
  1.2 开发、推广普及节水型用水器具 ………………………………… 1
  1.3 加强用水器具的管理与质量监督 ………………………………… 2

第2章 基础知识 …………………………………………………………… 5
  2.1 法定计量单位 ……………………………………………………… 5
  2.2 水的形态与性质 …………………………………………………… 8
  2.3 压力及其测量 ……………………………………………………… 8
  2.4 水的流动和压力损失 ……………………………………………… 10
  2.5 用水器具的流量 …………………………………………………… 11
  2.6 流量的测定 ………………………………………………………… 13
  2.7 水质 ………………………………………………………………… 17
  2.8 自来水 ……………………………………………………………… 20
  2.9 图纸和图例 ………………………………………………………… 22

第3章 用水器具的制造 …………………………………………………… 30
  3.1 砂型铸造 …………………………………………………………… 30
  3.2 特种铸造 …………………………………………………………… 31
  3.3 热锻压 ……………………………………………………………… 32
  3.4 塑料的注射与挤出（模塑） ………………………………………… 33
  3.5 机加工 ……………………………………………………………… 33
  3.6 镀（涂）层 …………………………………………………………… 33
  3.7 黑色金属 …………………………………………………………… 34
  3.8 有色金属 …………………………………………………………… 34
  3.9 塑料 ………………………………………………………………… 35
  3.10 橡胶 ……………………………………………………………… 35

第4章 输水控制阀 ………………………………………………………… 36
  4.1 旋塞 ………………………………………………………………… 36
  4.2 球阀 ………………………………………………………………… 37
  4.3 闸阀 ………………………………………………………………… 38

  4.4 截止阀 ………………………………………………………… 39
  4.5 隔膜阀 ………………………………………………………… 41
  4.6 止回阀 ………………………………………………………… 42
  4.7 过滤器 ………………………………………………………… 42
  4.8 减压阀 ………………………………………………………… 43
第5章 水龙头 ……………………………………………………………… 46
  5.1 热水龙头(旋塞) ……………………………………………… 49
  5.2 螺旋升降式水龙头 …………………………………………… 49
  5.3 陶瓷片密封水龙头 …………………………………………… 50
  5.4 空心球式水龙头 ……………………………………………… 52
  5.5 轴筒式水龙头 ………………………………………………… 53
  5.6 肘开关式水龙头 ……………………………………………… 53
  5.7 脚踏式水龙头 ………………………………………………… 54
  5.8 停水自闭式水龙头 …………………………………………… 55
  5.9 延时自闭水龙头 ……………………………………………… 55
  5.10 水龙头的节水措施 ………………………………………… 56
第6章 自动给水阀 ………………………………………………………… 59
  6.1 浮球阀 ………………………………………………………… 59
  6.2 便器冲洗阀 …………………………………………………… 60
  6.3 水温自动控制阀 ……………………………………………… 62
  6.4 电控阀 ………………………………………………………… 64
  6.5 控制电路及传感器 …………………………………………… 66
第7章 冲水便器系统 ……………………………………………………… 68
  7.1 陶瓷便器 ……………………………………………………… 70
  7.2 水箱 …………………………………………………………… 74
  7.3 水箱配件 ……………………………………………………… 75
  7.4 污水输送管 …………………………………………………… 77
  7.5 冲水便器节水 ………………………………………………… 78
第8章 其他用水设施及器材 ……………………………………………… 84
  8.1 洗浴设施 ……………………………………………………… 84
  8.2 洗衣机 ………………………………………………………… 85
  8.3 饮水机 ………………………………………………………… 86
  8.4 热水器 ………………………………………………………… 87
  8.5 洗碗机 ………………………………………………………… 87
第9章 有关节约用水的法规及政令 ……………………………………… 88

9.1 中华人民共和国水法 …… 88
9.2 北京市城市节约用水条例(21号公告) …… 99
9.3 北京市建设项目节约用水设施与主体工程同时建设管理办法 …… 103
9.4 关于进一步加强用水器具监督管理工作的通告 …… 105
附录1 中华人民共和国法定计量单位 …… 107
附录2 习用非法定计量单位与法定计量单位换算关系表 …… 110
附录3 中国部分标准代号 …… 114
附录4 外国部分标准代号 …… 115
附录5 中国与给水器具有关的部分标准 …… 116

第1章 概　　述

水是人类赖以生存的不可缺少的资源,是生命的源泉、工业的血液、农业的命脉。21世纪对于水资源的需求管理已不能仅考虑满足人类的用水,也必须考虑生态环境的保护和可持续发展。北京是属于严重缺水的城市,人均水资源量不足300m³,是全国人均水资源量的1/8,由于水资源紧缺及城市供水能力增长缓慢,使地下水严重超采,水质不断恶化,环境污染也日益加剧。为了改变北京市的缺水状况,人们不断采取各种措施节约用水。其中推广节水型生活用水器具是节约用水、缓解水资源紧缺的主要措施之一。

1.1　北京市生活用水器具现状

（1）水龙头

北京市目前使用的水龙头主要有陶瓷片密封水龙头、非接触式电控水龙头和延时自闭式水龙头。这些节水型龙头的普及率已经达到90%,在一些居民住户尚存少数应该淘汰的铸铁螺旋升降式水龙头。

（2）便器系统

便器系统包括以下主要几部分:水箱及配件、便器、排水管道、给水阀门、软管和弯管等。便器系统浪费水的现象主要表现在一次冲洗用水量过大和水箱漏水。针对这些问题,北京市从1987年开始在旧有房屋中逐步淘汰上导向直落式便器水箱配件,1994年开始在新建建筑项目中限制使用一次冲水量在9L以上的便器水箱,2000年开始在新建建筑中推广使用6L水冲洗系统。近年来,逐步对旧有便器进行改造,要求房屋管理部门结合设备更新改造,将便器水箱调整到9L或9L以下,有条件的改为分大、小档冲水。

1.2　开发、推广普及节水型用水器具

（1）加大对节水型卫生器具的开发研究的力度。作为节水型用水器具首先应做到达标、性能稳定、设计先进合理,可以主动或被动地减少无用耗水量。为此,从1987年开始科研部门对节水型新产品进行开发,先后完成了小便器延时自闭冲洗阀、大便器延时自闭冲洗阀、感应式自动给水器等节水器具的科研项目。重点推广

一些新型节水器具,如:感应式自动小便冲洗器、隔膜式脚踏淋浴器、折囊式密封的水龙头、具有防污功能的延时自闭便器冲洗阀、陶瓷片密封水嘴、具有两档排水功能的水箱配件和 6L 水便器配套系统等新型节水器具等。

(2) 制定并完善产品技术标准,使器具配件具有通配性,同时将国家的节水政策要求体现在技术指标上。参与有关用水器具技术标准的编制和修订,如 CJ/T 3008—93《淋浴用机械式脚踏阀门》、CJ/T 3081—1999《非接触式(电子)给水器具》、JC/T856—2000《6升水便器配套系统》和 CJ 164—2002《节水型生活用水器具》等。CJ 164—2002《节水型生活用水器具》标准的颁布和实行受到社会的广泛重视,该标准是中国第一部节水器具标准,填补了用水器具无节水要求的空白,使用水器具的生产厂家、产品使用单位都有了明确的标准。该标准强调对器具的流量在满足使用要求的前提下须有上限的要求,以便达到进一步节水的目的。

(3) 加大推广节水型用水器具的力度。近年来北京市加大了节水型用水器具推广的力度,将推广节水型器具与百姓生活密切相联,先后组织了"绿色行动"计划和"节水龙头进家门"活动,北京市政府拿出专项资金支持节水器具的改造,仅"节水龙头进家门"活动,向居民免费发放了 200 万个水龙头。以此提高市民的节水意识,推动节水型器具的应用。

1.3 加强用水器具的管理与质量监督

(1) 国家对用水器具的管理一直非常重视,为了解决"马桶漏水"问题,加强对城市房屋便器水箱质量应用的监督管理,在 1992 年建设部发布《城市房屋便器水箱应用监督管理办法》(中华人民共和国建设部令第 17 号),明令淘汰使用结构不合理的上导向直落式便器水箱配件,要求各有关部门按照职责分工,加强对房屋便器水箱和配件产品生产、销售以及设计、施工、安装、使用等全过程的监督管理。

1999 年建设部、国家经贸委国家质量技术监督局和国家建材局联合发文《关于在住宅建设中淘汰落后产品的通知》(建住房[1999]295 号)要求在大中城市新建住宅中禁止使用螺旋升降式铸铁水嘴,积极采用符合《陶瓷片密封水嘴》和《水嘴通用技术条件》标准的陶瓷片密封水嘴。要求在大中城市新建住宅中禁止使用一次冲洗水量在 9L 以上(不含 9L 冲洗水量)的便器。推广使用一次冲洗水量为 6L 的坐便器。积极开发生产新型节水便器,并完善相应的标准规范。

新颁布的《中华人民共和国水法》第五章 水资源配置和节约使用中明确要求:淘汰落后的、用水量高的工艺、设备和产品;要因地制宜采取有效措施,推广节水型生活用水器具,降低城市管网漏失率,提高生活用水效率……。《国务院关于加强城市供水节水和水污染防治工作的通知》(国发[2000]36 号)文件中也明确要求:"水资源可持续利用是我国经济社会发展的战略问题,核心是提高用水效率";明确了"必须坚持开源与节流并重,节流优先,治污为本,科学开源,综合利用"的原则;同时强调"加大国家有关节水技术政策和技术标准的贯彻执行力度,制定并推行节水型用水器具的强制性标准"。

从1986年以来,北京市相继制定了一系列法规、规章,如《北京市城市节约用水条例》、《北京市建设项目节约用水设施与主体工程同时建设管理办法》、《北京市城镇用水浪费处罚规则》、《北京市节约用水若干规定》(北京市人民政府令第66号)、《关于进一步加强用水器具监督管理工作的通告》和《关于加强用水器具质量管理的通知》京建材[1998]419号等。《北京市节约用水若干规定》中第十四条规定:"新建、改建、扩建工程,应当采用节水型工艺、设备和器具,建设相应的节约用水设施,并与主体工程同时设计、同时施工、同时投产使用。新建、改建、扩建公共建筑、住宅、市政工程,必须使用节水型用水器具"。《关于进一步加强用水器具监督管理工作的通告》规定:"明令淘汰螺旋升降式铸铁水龙头、铸铁截止阀、进水口低于水面的水箱配件、每次冲水量超过9L的便器及水箱","在新建住宅中,应安装、使用6L水便器配套系统,并提倡使用两档式便器水箱配件"。

所有这些政策法规的贯彻执行,为保证首都经济与社会可持续发展战略的顺利实施,实现节水型城市的目标,起到了非常重要的作用。

(2)加大对用水器具市场监督的力度。由于产品的流通市场行为存在不规范的情况,假、冒、伪、劣产品屡禁不止,好的产品得不到有效的推广。有的建设单位为降低成本,采购质次价廉的产品,这也为假、冒、伪、劣产品提供了很大方便。为了规范北京市用水器具市场,打击"假、冒、伪、劣"产品,北京市每年都有计划重点对用水器具进行市场打假、市场抽查,召开新闻发布会,将抽检结果通过媒体给予公布,对不合格产品进行严肃处理。如:在1996年,市建委与市技术监督局对市场上销售的水箱配件、冷水嘴进行了抽查,抽查中,27个厂家的1249件(套)水箱配件、18897个冷水嘴判定为不合格产品。在不合格产品中,"三无"产品、使用石棉作密封材料危害人体健康的产品、不防虹吸可能导致污水进入饮水系统的产品依然占一定的比例。1998年4月和7月北京市城市节约用水办公室配合市技术监督局分别对市场销售的陶瓷片密封普通水嘴和高、低位水箱配件进行了市场监督抽查。水嘴抽查了20个品种,其中10个品种经检验达到合格质量水平,抽查合格率为50%;水箱配件抽查了50个品种,其中19个为合格产品,13个为"三无"产品,3个为国家命令的淘汰产品,抽查合格率仅为38%。1999年第二季度北京市技术监督局对本市部分建材市场,五金商店销售的陶瓷片水嘴产品进行了监督检查,共查了41家商店的50种产品,合格14种,抽样合格率仅为28%。通过对用水器具市场的监督管理,收到了比较好的效果。

(3)通过大力宣传提高人民对节水器具的重视程度。利用2000年北京市修改中小学生教材之机,把节水内容纳入中小学生教材,节水教育从学生做起。拍摄了节水器具系列专题片,详细介绍了常用节水器具的结构、原理、安装使用和维修的方法,通过电视台向全市及全国播放。建立了"北京节水展览馆",介绍节水知识和用水器具,免费向社会开放,并有计划组织中小学生参观,该馆已列为北京市青少年科普教育基地。

十几年来,为解决水资源紧缺问题,北京市委、市政府坚持"节流、开源、保护水资源并重"的方针,量水而行,量水发展,合理用水,科学用水,采取多种措施,包括制定节水的法规、用水实行计划管理、推广工业节水技术、推广节水型用水器具等。1981年到2002年的20多年中,北京城市节水工作取得了明显成效,已累计节水15亿m^3,工业万元产值取水量已从1981年357m^3降到20m^3以下。20多年来,北京的节水工作的开展与节水器具的推广是相辅相成的,尽管做了许多工作,取得了一定成绩,但是水资源短缺的状况并没有从根本上得到缓解,城市节水潜力仍很大,特别是城市生活用水器具的节水还有很多工作要做,推广节水型用水器具是一个长期的工作,同时也需要我们了解和掌握更多的有关节水型用水器具的知识。

第2章 基 础 知 识

水是一切生命赖以生存的基本条件,是生产活动最重要的物质基础,只有了解了水的基础知识,才能进一步掌握科学用水,合理用水,节约用水的方法。这些知识包括:

(1) 法定计量单位;
(2) 水的形态和性质;
(3) 压力及其测量;
(4) 水的流动和压力损失;
(5) 用水器具的流量;
(6) 流量的测定;
(7) 水质;
(8) 自来水;
(9) 图纸和图例。

2.1 法定计量单位

由于计量是以实现单位统一,量值准确可靠为目的的测量,因此计量单位是计量的基础,计量单位知识是计量学的基本内容之一。

科学和技术发展的不同阶段,出现过许多种单位制度,为了实现计量的目的,一个国家的政府以法令的形式明确规定要在全国采用的计量单位,称为法定计量单位。

凡属法定计量单位,在一个国家里,任何地区,部门,任何机构和任何人都必须遵照采用,以法令的形式规定计量单位,是古今中外普遍采用的做法。

法定计量单位不是一成不变的,不同的历史时间,法定计量单位所包含的内容是不一样的,我国现在采用以国际单位制为基础的法定计量单位。

这些单位包括:国际单位制的基本单位(7项);国际单位制的辅助单位(2项);国际单位制中具有专门名称的导出单位(19项);另外还选定了15项国际通用或特殊领域专用的非国际单位制单位作为并用单位,详见附录1《中华人民共和国法定计量单位》和附录2《习用非法定计量单位与法定计量单位换算关系表》。下面比较详细的介绍一些与水密切相关的常用单位与导出单位。

2.1.1 长度

长度是两点之间的距离,单位是米,符号 m。为了实用方便把米的千倍称为千米(km,习称公里),百分之一称为厘米 cm,千分之一称为毫米(mm)。输水管的长度习惯用米(m)或千米(km)表示;用水器具、输水管的口径和连接螺纹习惯用毫米(mm)表示。

$$1km = 1000m$$
$$1m = 10dm$$
$$1m = 100cm$$
$$1m = 1000mm$$

由于历史的原因,在给排水领域里,日常工作中还经常使用英制单位,尤其是"英寸"用的比较广泛,一英寸大约等于 25.4 毫米,八英分等于一英寸;四英分等于 1/2 英寸;六英分等于 3/4 英寸,书写时用"″"表示英寸;用"′"表示英分。

实际工作中计量长度的工具可按表 2.1 选取。

常用计量长度的量具 表 2.1

名 称	计量精度	常用计量范围	被测对象
米尺(直尺);钢卷尺	1mm	$n$mm~5000mm	室内管线施工;水暖器材零部件尺寸;水位高度等
游标卡尺	0.02mm	0mm~300mm	水暖器材零部件加工精确测量,可测内、外径①
千分尺	0.01mm	0mm~25mm	水暖器材零部件加工精确测量,一般只测外径①
皮卷尺	5mm~10mm	nm~50m	室内、外管线施工;构筑物计量
量 绳	0.5m~1m	nm~100m	粗量室外管线;构筑物计量

① 可以借助一种称为"卡钳"的工具,将游标卡尺、千分尺不便测量的尺寸"转移"出来测量,卡钳除了有大小之分,还有内卡钳与外卡钳之分。

体积的计量基础也是长度的计量,例如大的水量或累计水量用立方米(符号,m^3)表示(普通水表记录的 $1m^3$ 水,俗称 1 个"字"),日常生活用水也采用立方分米,习称升(符号 L)计量,例如水冲便器每次的用水量是 6L。

2.1.2 质量

质量是量度物体惯性大小的物理量,它是常量,不因高度或纬度的变化而改变。单位是千克(符号 kg,习称公斤),$1000cm^3$(1L)4℃的纯水质量是 1kg。$1m^3$ 的水质量是 1000kg(1t)。

水的质量计量方法有两种:一种是将水放到容器里用秤直接称量或通过计量

体积换算成质量,另一种是通过记录流过水表的体积再换算成质量。

2.1.3 时间

有起点和终点的一段时间,地球自转一周的时间是24小时,符号h,一个小时分为均等的60份,每份为一分[钟],符号min,一分[钟]分为均等的60份,每份为一秒,符号s。日常的工作中,较长时间采用钟表记录时间,短时间采用秒表计量。例如用每秒流过的米数计量水的流速,用每小时流出水的立方米数计量水量等等。

2.1.4 密度

密度是物质的质量与它的体积的比值,即物质单位体积的质量。代号ρ,单位是千克/米^3(kg/m^3),或克/厘米^3(g/cm^3),4℃纯水的密度是1000kg/m^3。过去也习惯用"相对密度(比重)"表示某种物质的密度大小,相对密度(比重)没有单位,是指相同体积的15℃某物质与4℃的纯水的质量的比值,该数值大于1的物质沉于水底;小于1的物质浮在水面;等于1的物质悬在水中。利用比重小于1的物体做成浮子,就可以做成自动控制水位的阀门。

2.1.5 压力(压强)

压力和压强同属一个概念,压力是指垂直作用于物体表面的力,压强是指垂直作用于单位面积上的力。压强的单位是帕(帕斯卡),符号Pa,1Pa=1N/m^2。

地球被大气包围,地球表面处处都有大气压力存在,这是由于地球大气的重力而产生的压强,称为大气压(或大气压强),其大小与高度、温度等条件有关。

标准大气压、符号atm,1atm=0.1013MPa,实用上曾经规定为760mmHg。

工程上为方便起见,规定1kgf/cm^{2}为一个工程大气压,工程大气压符号为at,显然1at=1kgf/cm^2。

经常使用的压力单位之间的换算关系有:

1kgf/cm^2=0.098MPa

1at=1kgf/cm^2=0.098MPa

1at=735.6mmHg=10mH$_2$O

1mmH$_2$O=9.8Pa

1mmHg=133.3Pa

用水柱表示压力时也称水头。上述1工程大气压等于10mH$_2$O。

平时用压力表测量的压力,都是减掉了大气压力之后的,故也称为表压力。

压力差可以使水流动,把水输送到高处或远方。

2.1.6 温度

温度是表示物体冷热的程度的物理量。日常用的是摄氏温标也称"百分温标",规定在一个标准大气压下,水的冰点为0度,沸点为100度,摄氏温度用℃表示。如90℃就是90摄氏度。

当存在温度差时,高温物体传出热量,其温度随着下降;低温物体吸收热量,其温度随之上升。

水从外界获取热(量),使本身温度升高或变为气态;水也可以放出热量,使本身温度下降或变为固态冰。利用这一原理,水作为载体可以方便地把热(或冷)量输送到需要的地方。

2.1.7 热量

温度高的物体把能量传递到温度低的物体上,所传递的能量叫作热量。热量的法定单位是焦[耳],单位符号 J。

热量的习用单位为"卡",符号 cal,定义为:将温度为 15℃,质量为 1 克的水,提高 1℃所需要的热量为 1 卡(准确讲,这是 15℃卡)。

单位换算关系为

$$1cal = 4.1855J$$

2.2 水的形态与性质

水在不同的环境中会有三种不同的表现形态,与别的物质相比我们更容易观察到它的三态,在一个大气压力下,温度在 0℃以下时水是固体的冰;0℃时固体与液体共存,不断从外界吸收热量,固体的冰会融化为液体的水;0℃以上 100℃以下时是液体;100℃时液体不断从外界吸收热量变为气体,水与水蒸气共存;100℃以上时是气体。给水加热(量),水的温度上升,停止加热,而水比外界温度高时水向外界散热(放出热量),水温下降,这些热量称为显热,使水的相态(固、液、气)发生变化而吸收或释放的热量称为潜热。

一般情况下水是不可压缩的,利用这一特点可以很方便地进行给水器材、密闭容器或管线的泄漏检验。而水蒸气却具有气体的可压缩特性,由水变成水蒸气或水蒸气的温度上升体积会不断膨胀,因此用密闭的容器加热水或加热水蒸气都是很危险的,必须设有安全装置,用于限制密闭容器内蒸汽压力。

2.3 压力及其测量

水在容器(管)中,就会对器壁产生压力(压强),水位越高作用在底部的压力越大。压力只与水位高度有关,与水量多少无关,因此实际工作中常用水柱高表示压力,由于汞(水银)的密度大,常温下又具有很好的流动性,较小的高度就可以代表较大的压力,实际应用读数比较方便,也常用它的高度表示压力。

提高水压力的方法主要有两种:一是把水放在高处(高位水箱、楼顶水箱、水塔、山顶、坡地的高处等)提高势能,另一种是利用机械(水泵等)给水加压。

要从输水系统外界判断水的压力时，就需要进行压力测量，一般最简单测量压力的仪器有两种：一是U形管压力计，另一种是普通弹簧管压力表。

U形管压力计由透明管弯制而成，根据需要管内灌装水或汞（水银）等介质，U形管垂直放置，两个开口向上，一端用软管与待测压力管相连，一端通大气，见图2.1。

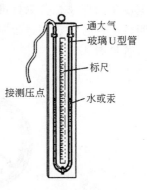

图2.1 U形管压力计

U形管的背后有一根毫米分度的标尺，根据U形管两边液柱的高差和所装液体的密度即可求出压力值，有时约定俗成简化称谓，直接称高差为压力，但必须说明是什么液柱，例如水柱或汞柱。这种压力计使用不太方便，受到U形管高度的限制，只适用检测压力较小的系统，液体很容易冲出U形管，一般只在实验室研究局部阻力损失或检漏时使用。

普通弹簧管压力表（压力计）是得到广泛使用的压力测量仪表，它是由一端封闭的半圆金属（紫铜）扁管和放大位移量的杠杆、齿轮、指示压力数值的指针、复位游丝、表盘以及外壳组成。该表体积小，安装及使用都很方便，采用不同壁厚的管材，可以做成各种测量范围（系列）的表，供不同场合使用。

压力表的表盘下方标有该表的单位，例如MPa、kPa、Pa等，测量的数值加上单位才是测量的结果，在压力表盘的下方还有一个圆圈内标有1.5、2.5、0.4等数值的标识，它标明的是该表的测量精度，标着1.5的是1.5级表，表示该表的测量误差为该表最大量程的1.5%（注意不是测量结果的1.5%），表盘的上方是3/4圈分度和数字，一般压力表数字都是由左向右从零开始，真空或真空压力表是从负数开始的，在表未接入系统时表针都应该指示在"0"位。

选择表时要注意被测量的压力要与表的测量范围相适应，最好在表的最大测量范围的1/3以上，4/5以下；1/3以下测量的结果也要考虑该表全量程的误差，因此误差就会很大，4/5以上测量时，由于被测的压力波动，表针很容易超出表的测量范围，容易把表损坏（俗称"打坏了表"）。表盘的直径有50mm；100mm；150mm等数种，表盘小安装方便，占的空间小，表盘大读数方便。精度高（例如0.4级）的表称为精密压力表，为了消除读数误差，表盘里镶有反光玻璃，要求表针必须与镜面里的影像重合才能读数，这种表价格比较高，表盘直径多数为150mm或更大，一般只在需要精密测量压力或在实验室中校验普通压力表用。压力表还可以加装电接点成为自控仪表。

压力表装在给水系统上还需要两个重要的配件：表节门及表弯管，表节门安装在压力表与管道或表弯管之间，起到方便更换压力表的作用，表前弯管可以减轻给水系统振动、水击对表的损害。它们的另一个作用是连接作用，我国的仪表行业规定使用的螺纹是公制标准螺纹,而给水系统又都使用英制管螺纹连接。在使用这两种配件时一定注意公制螺纹和英制螺纹的区别,普通弹簧管压力表及表节门、表弯管见图 2.2。

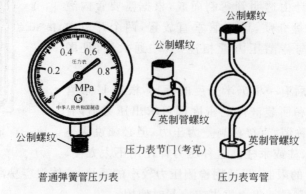

图 2.2 弹簧管压力表及附件

2.4 水的流动和压力损失

利用压力差可以将水输送到远方,在铺设的水管一端提高水的压力而另一端减少水的压力,水就会沿着输水管道由压力高处流向压力低的地方,只有压力没有压差水不能流动。

人们总希望用口径较小的管道和管件输送更多的水,但这要受到一定的限制。水在管道内流动分为层流和紊流,层流时管道的两端压差越大,水的流速越快,输送的水量也越多,但流速达到一定程度,就进入紊流状态,这时再增加管子两端压差,水的流速也不再成比例增加,因此想通过无限制的提高压力,来增加输水量是不切实际的,也是不经济的。

水流动时分子之间,水与管壁之间都会产生摩擦,成为流动的阻力,使压力受到损失,流速越大压力损失也越大。损失的压力习惯用水柱(水头)表示,例如"某段水管或阀门输送一定水量时水头损失是多少毫米水柱"等。这一问题的实质是要协调管径大小与压力损失的矛盾,管径小建设成本就低,但需要克服阻力,增加输送的能量;输送同样多的水,管径大,流速慢,阻力就小,可以减少输送的能量,但投入的建设费用多。通过大量实践确定了一个比较合理的流速范围,并做了如下的规定:生活或生产给水管道的水流速度不宜大于 2.0m/s;消防给水管道的水流速度不宜大于 2.5m/s;管径小于或等于 25mm,且有防噪声要求的生活给水管流速宜采用 0.8~1.2m/s。以此为依据即可以算出常用管的设计流量,为了方便查阅,列出表 2.2。表中的数值可以作为选择、确定安装管径的依据,但并不是该管径只能通过的水量。例如以 0.1MPa 的压力通过一段一米长 $DN15mm$ 的管向外放水(实际生活中水管断裂跑水),经过实测出水量会达到 $4\sim5m^3/h$ 以上,大约是设计输水流量的 3~4 倍了,如果给水压力再高,出水流量还要增加。

管 径 与 流 量　　　　　　　　表2.2

管径 DNmm 英制单位	15 1/2″(4′)	20 3/4″(6′)	25 1″	32 1 1/4″①	40 1 1/2″①	50 2″
设计输水流量上限 L/s(m³/h)	0.35 (1.26)	0.63 (2.27)	0.98 (3.53)	1.60 (5.76)	2.52 (9.07)	3.92 (14.11)
低噪音流量 L/s	0.14~0.21	0.25~0.38	0.39~0.59	—	—	—

① $1\frac{1}{4}″$ 俗称"寸二",$1\frac{1}{2}″$ 俗称"寸半"。

应用的管材并不是任何管径都生产的,因为这样不利于实际使用,实际使用的管材都是标准化、系列化的产品,以管子的公称口径表示,代号 DN,小口径常用管材系列为 $DN10;DN15;DN20;DN25;DN32;DN40;DN50$,单位是毫米,它们对应的英制单位见表2.2。所谓公称口径一般是指管子的内径,管子的外径要加上管子的两个壁厚,常用管材又是用外螺纹连接和密封的,因此连接螺纹的尺寸成为最重要的尺寸,生产管子时,壁厚变化时只能改变内径,不能改变外径,所以有时出现管子的公称直径既不是管子的内径也不是管子外径的情况。

2.5　用水器具的流量

每种给水器具都按照规范要求,在一定的给水压力(动压)下,必须达到所需要的流量,以保障使用人在管网最低给水压力时能够满足用水的需要。一个城市的给水管网由水厂将水输送到最远的用水点(管网末稍),接近水厂处的压力要考虑沿程的阻力的损失,加上最远的用水点必须的压力,才能保证整个系统的给水。北京地区要求最远的用水点地下表井处的压力要达到 0.18MPa,这样就可以使普通的五六层楼房最高的用水点仍可以保持 0.01~0.015MPa 以上的压力。一般的给水器具也是根据这一压力设计的。如果同一管网(包括高层建筑)最高压力超过 0.3~0.4MPa,就应该考虑分区给水或采取减压措施。

表2.3列出的是我国建筑设计规范要求,需要说明的是这些要求只规定必须达到的流量,没有规定上限,如上所述,绝大部分给水管网的压力要超过给水器具所需的给水压力,因此实际生活当中给水器具的出水流量会远远超过规范所要求的数值。

卫生器具额定流量、当量、连接管公称管径和最低工作压力　　表 2.3

序号	给水配件名称	额定流量（L/s）	当量	连接管公称管径(mm)	最低工作压力（MPa）
1	洗涤盆、拖布盆、洗涤槽 　单阀水嘴 　单阀水嘴 　混合水嘴	0.15～0.20 0.15～0.20 0.15～0.20 （0.14）	0.75～1.00 1.5～2.00 0.75～1.00 （0.70）	15 20 15×2	0.050
2	洗脸盆 　单阀水嘴 　混合水嘴	0.15 0.15(0.10)	0.75 0.75(0.50)	15 15	0.050
3	洗手盆 　感应水嘴 　混合水嘴	0.10 0.15(0.10)	0.50 0.75(0.50)	15 15	0.050
4	浴盆 　单阀水嘴 　混合水嘴（带淋浴转换器）	0.20 0.24(0.20)	1.0 1.2(1.0)	15 15	0.050 0.050～0.070
5	淋浴器 　混合阀	0.15(0.10)	0.75(0.50)	15	0.050～0.100
6	大便器 　冲洗水箱浮球阀 　延时自闭式冲洗阀	0.10 1.20	0.50 6.00	15 25	0.020 0.100～0.150
7	小便器 　手动或自动自闭式冲洗阀 　自动冲洗水箱进水阀	0.10 0.10	0.5 0.5	15 15	0.050 0.020
8	小便槽穿孔冲洗管（每米长）	0.05	0.25	15～20	0.015
9	净身盆冲洗水嘴	0.10(0.07)	0.50(0.35)	15	0.050
10	医院倒便器	0.20	1.00	15	0.050
11	实验室化验水嘴（鹅颈） 　单联 　双联 　三联	0.07 0.15 0.20	0.35 0.75 1.00	15 15 15	0.020 0.020 0.020
12	饮水器喷嘴	0.05	0.25	15	0.050
13	洒水栓	0.40～0.70	2.00～3.50	20～25	0.050～0.100

续表

序号	给水配件名称	额定流量（L/s）	当量	连接管公称管径(mm)	最低工作压力（MPa）
14	室内地面冲洗水嘴	0.20	1.00	15	0.050
15	家用洗衣机水嘴	0.20	1.00	15	0.050

注：1. 表中括弧内的数值系在有热水供应时，单独计算冷水或热水时使用。
   2. 当浴盆上附设淋浴器时，或混合水嘴有淋浴器转换开关时，其额定流量和当量只计算水嘴，不计淋浴器。但水压应按淋浴器计。
   3. 家用燃气热水器，所需水压按产品要求和热水供应系统最不利配水点所需工作压力确定。
   4. 绿地的自动喷灌应按产品要求设计。

2.6 流量的测定

流量的测定与节水有着密切的关系，节约用水工作的成效都要通过各种各样的流量测定或估算来衡量。它是计量与收费的依据，也是科学管理的技术手段和依据。水表在计量管理中发挥了重要的作用，且直接与广大群众利益相联系，因此我国计量法已将它列入依法管理的计量器具。

测量流量常用的方法有两类：一种是重量法（或由体积代替），就是测量一段时间内流出水的重量（体积），这种方法可靠、准确。该法测量小流量还可以，测大流量或水管里流过的水量就不实用了，这时只能采用流量表测量。

采用重量法检查淋浴喷头的出水量，或比较节水水龙头的出水多少等，简单方便。具体做法是在一定时间内收集到的水直接放在秤上称量，这样做有时还不太方便，可以换一种方式采用量桶的方法，用一个20～30L的大口提桶，放在磅秤上，向桶内放水，在放入1、2、3...kg(L)水时（也可以2kg或5kg进位，视需要而定），分别用记号笔在桶壁上做好标记，用这只桶接给水器具的出水，同时用秒表（手表）计时，就可以测出流量。

另一种是在封闭的输水管线上测量流量，都是采用水（流量）表测量，水表有许多种，从工作原理上主要可分为容积式和速度式水表，具体有旋翼式、螺翼式、容积式、超声波式、电磁式、靶式、孔板式、弯管式、涡街式、转子式等等。

在日常生活中水表作为流量仪表使用最多的是旋翼式和螺翼式两种，这两种表的核心都是通过一个受水流冲击而旋转的叶轮带动一组计数器来完成计量的仪表，两者的区别是：旋翼式水表叶轮轴与水流方向垂直，螺翼式水表叶轮轴与水流方向平行。

旋翼式、螺翼式水表的规格见表2.4。

旋翼式、螺翼式水表　　　　　　　　　　表 2.4

系　列	公称口径(mm)											
	15	20	25	32①	40	50	80	100	150	200	250	300	400
旋翼式	●	●	●	●	●	●	●	●					
螺翼式					●	●	●	●	●	●	●	●	●

注：① 不推荐使用；
　　● 现在我国生产的规格。

　　从上表可以看出，旋翼式适宜做成小口径的水表；螺翼式适宜做成大口径的水表。

　　旋翼式水表、螺翼式水表都是记录累计流量，实验室和需要随时监测瞬时流量的地方则使用转子流量计，是速度式水表，见图 2.3。

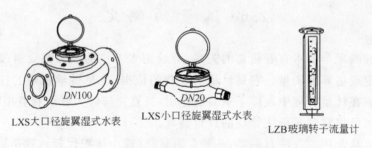

图 2.3　旋翼式流量水表与玻璃转子流量计

　　旋翼式水(流量)表按计数器工作环境不同，分为湿式表和干式表。湿式表的计数器和传递齿轮都浸在被测的水中，并起到润滑作用，但容易受到水中铁锈的污染，变得不易读数。干式表的计数器和传递齿轮用密封与被测的水隔开，读数较清晰。

　　旋翼式水(流量)表按计数器的形式不同，可分为指针式、机械数字式、电子数字式。

　　老式旋翼水表的表盘是指针式，在湿式表上广泛采用，它的读数不太方便，读数的方法是由高位向低位读，取小不取大。例如某一位的指针指在 8、9 之间，那么这位就读取 8，假如某一位的指针正好指在某一数字上，则要进行判别，方法是看下一位，如果下一位接近 8、9 则本位取小一个数，如果下一位接近 0、1、2 则本位就取指针所指的数。近年制造的表多改为机械数字式，一般干式表上采用的较多，它在一个轴上安装一组数字轮，右边的字轮转一周，和它相邻的左边字轮转一个字，依次类推，水表的旋翼只需驱动最右面的一个字轮就可以完成累计计数功能，这种方式查表时读数比较方便，只要注意不把小数点弄错即可，按照目前国家标准的规定，表盘上黑色的示值单位为立方米(也可以认为是吨数)，红色的是立方米以后的小数位。

电子数字式水表是目前较为先进的一种，它采用液晶屏（或数码管）显示，信息可以远传，能方便的进行插卡收费、集中查表管理的改造。见图2.4。

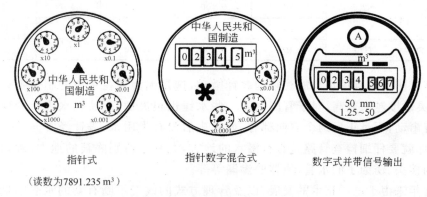

指针式　　　　　　　指针数字混合式　　　　　数字式并带信号输出

（读数为7891.235 m³）

图2.4　旋翼式流量水表的读数

水表还可以分为现场指示（读数）型和远传（包括有线和无线两种）指示型。

按照水表测量介质的温度分30℃以下使用的冷水表和100℃以下使用的热水表。

按照水表测量介质的压力还可以分为1MPa以下使用的普通压力水表和1.6MPa、2.0MPa以下使用的高压水表。

根据给水系统的需要水表还可以制造成立式表（适宜安装在垂直管道上）、可拆式表（表芯可以拆下来单独进行检测）、插入式表等等。

流量表和压力表一样，不同规格（口径）的表有不同的测量范围，水表口径的选择原则是以经常使用的流量接近常用流量为宜（可参考该表的说明书），不应该以原有的给水管径为依据。如果两者不符，应该通过管件进行调整，并且在表前表后适当留出直线段，水平式水表要安装在水平管段上，立式表要安装在垂直管段上，注意水流方向与表壳上的箭头方向一致。安装水表的管道必须清除排净管内的杂物、泥砂等，给水水压偏高且不稳定并经过开放式高位水箱给水的地方应该在表前或表后安装橡胶隔振过滤器，这样才能保证测量的精度和不损坏表。由于旋翼式水表是一种累计水量的仪表，当需要判断安装的表是否适用时，需要选择一天内有代表性的用水高峰段进行用水量的测量。测出一段时间，例如5min或10min的累计流量，再乘以12或6得到小时流量，与表的说明书给出的常用流量进行比较，相差不多时即认为选用水表是合适的，如果相差很多应该换装合用的水表。水表按最小流量和分界流量分为A、B、C、D等型号，最常用的A型表的技术参数见表2.5所示。

A 型旋翼湿式水表的主要技术参数(m^3/h)　　　表 2.5

水表型号	水表代号	公称口径(mm)	最小流量	分界流量	常用流量	过载流量
LXS-15C	N1.5	15	0.060	0.150	1.5	3
LXS-20C	N2.5	20	0.100	0.250	2.5	5
LXS-25C	N3.5	25	0.140	0.350	3.5	7
LXS-40C	N10	40	0.400	1.000	10	20

有时明明没有用水也能观察到表针微动，这是因为现在水表的制造工艺日渐成熟，灵敏度越来越高，对于管网内的一些水锤也很灵敏，反映在水表上的现象是表针有窜动，而且正反两个方向都有，如果表后没有人用水，表针经常向一个方向转动，那就要仔细检查管路是否有漏水的地方，尤其是特别隐蔽的地方，例如埋在墙里的接头、锈蚀了的水管、便器的渗漏等等。

近年来由于电子技术的发展，以及管理方式的改变不断有新的水表问世。下面是其中几种：

(1) 远传水表：它由水表和远传输出系统构成。远传输出装置可以安装在水表本体内或指示装置内，或者配置在外部。如果装置在外部，应提供防护装置和封印。水表加上远传输出装置后并不改变水表的计量特性。远传输出装置的最小传输距离为 100m。远传显示、IC 卡水表以及代码交换预收费水表均是以远传水表为基表，另外加设传输显示、控制装置得以实现的。

(2) 液晶显示远传水表：由旋翼湿式远传水表（一次仪表）和液晶显示屏（二次仪表）两部分组成。一次仪表安装位置与普通水表相同，二次仪表安装在楼宇的管理室或公共场所的墙上。采用壁挂式或嵌墙式。二次仪表采用微处理器可集中显示、储存多个水表及用水量。该表具有现场读数和远程同步读数的功能。

(3) IC 卡水表计量收费管理系统：是由管理系统和计量系统两部分组成。管理系统包括微机、写卡器、打印机等设备以及相应的软件等安装在用水管理部门（也可委托银行代管）。计量系统包括控制器、远传（可以根据用水多少发出相应的电脉冲信号）水表、电动阀等安装在用水单位。运行时用水人买卡，此时由售水人（或银行）通过微机、写卡器将钱数写入卡内，用水人将有钱的卡插入水表，水表内的微处理器(CPU)读出钱数，并控制电动阀开启，供水，这时远传水表发出的信号通过 CPU 不断根据用水量减去相应的钱数，直到钱数少于限定值时发出提示信号，通知用水人再次对卡充值，如果直到钱数用尽还没有充值，则输出信号关闭电动阀，系统停止供水。

(4) 代码交换预收费水表：通过表上的键盘输入密码，用水人就可以得到预购的水量，一旦预购的水量剩余为零时，电动阀门自动关闭，这时用水人可以通过按键透支一部分水，同时应该立即购买水，一旦透支的水用完，将被停水。购水可以是到指定部门交费也可以是通过银行划账,当然银行内应该有存款。

以上这些新技术的应用给计量和管理工作都带来了极大的方便,也促使用水人珍惜用水。

2.7 水 质

水质,是水的质量的简称,在自然界里是没有纯净水的,人们习惯将水能够满足人类的生存及各类生产活动需要的程度来区别水质的好与坏。

地球上的水主要存在海洋里,但海水含有大量的盐类,不适合我们使用,大洋以及地面上江、河、湖、海的水蒸发到天空,然后通过降水过程又回到地面,一般说天空的降水是一个自然的净化,是比较纯净的淡水。

比较纯净、含有适量对人体有益的物质我们称为水质好,反之称为水质差。对于水质差的水可以用物理或化学的方法进行处理使其变好,直至变为纯净水,但这要消耗大量的原水和能源。应该根据不同的使用要求,使用不同水质的水才符合节约的原则。将水质好的水污染了也是对水资源的浪费,越是水质好的水就应该爱惜使用。在给水设计规范中不同用途的水就有不同的水质要求:表2.6是我国现在规定的饮用水水质标准,表2.7是生活杂用水(中水)水质标准,表2.8是人工游泳池水质卫生标准。

生活饮用水水质标准　　　　　　　表 2.6

序号	项目	标准
	感官性状和一般化学指标	
1	色	色度不超过15度,并不得呈现其他异色
2	混浊度	不超过3度,特殊情况不超过5度
3	嗅和味	不得有异嗅、异味
4	肉眼可见物	不得含有
5	pH	6.5～8.5
6	总硬度(以碳酸钙计)	450 mg/L
7	铁	0.3 mg/L
8	锰	0.1 mg/L
9	铜	1.0 mg/L
10	锌	1.0 mg/L
11	挥发酚类(以苯酚计)	0.002 mg/L
12	阳离子合成洗涤剂	0.3 mg/L

续表

序号	项目	标准
13	硫酸盐	250 mg/L
14	氯化物	250 mg/L
15	溶解性总固体	1000 mg/L
	毒理学指标	
16	氟化物	1.0 mg/L
17	氰化物	0.05 mg/L
18	砷	0.05 mg/L
19	硒	0.01 mg/L
20	汞	0.001 mg/L
21	镉	0.01 mg/L
22	铬（六价）	0.05 mg/L
23	铅	0.05 mg/L
24	银	0.05 mg/L
25	硝酸盐（以氮计）	20 mg/L
26	氯仿	60 μg/L
27	四氯化碳	3 μg/L
28	苯并(a)芘	0.01 μg/L
29	滴滴涕	1 μg/L
30	六六六	5 μg/L
	细菌学指标	
31	细菌总数	100 个/L
32	总大肠菌群	3 个/L
33	游离余氯	在接触30min后应不低于0.3mg/L。集中式给水除出厂水应符合上述要求外，管网末梢水不应低于0.05mg/L
	放射性指标	
34	总α放射性	0.1 Bq/L
35	总β放射性	1 Bq/L

城市杂用水水质标准（BG/T 18920—2002） 表 2.7

序号	项目		冲厕	道路清扫、消防	城市绿化	车辆冲洗	建筑施工
1	pH 值		\multicolumn{5}{c}{6.0～9.0}
2	色度	≤	\multicolumn{5}{c}{30}

续表

序号	项目		冲厕	道路清扫、消防	城市绿化	车辆冲洗	建筑施工
3	嗅		无不快感				
4	浊度	≤	5	10	10	5	20
5	溶解性总固体(mg/L)	≤	1500	1500	1000	1000	—
6	五日生化须氧量(BOD_5)(mg/L)	≤	10	15	20	10	15
7	氨氮(mg/L)	≤	10	10	20	10	20
8	阴离子表面活性剂(mg/L)	≤	1.0	1.0	1.0	0.5	1.0
9	铁(mg/L)	≤	0.3	—	—	0.3	—
10	锰(mg/L)	≤	0.1	—	—	0.1	—
11	溶解氧(mg/L)	≥	1.0				
12	余氯(mg/L)		接触30min后1.0,管网末端0.2				
13	总大肠菌群(个/L)	≤	3				

人工游泳池水质卫生标准 表2.8

序号	项目	标准
1	pH值	6.5～8.5
2	浑浊度	不大于5度或站在游泳池两岸能看清水深1.5m的池底四五泳道线
3	耗氧量	不超过6mg/L
4	尿素	不超过2.5mg/L
5	余氯	游离余氯:0.4～0.6mg/L 化合性余氯:1.0mg/L以上
6	细菌总数	不超过1000个/L
7	总大肠菌群	不得超过18个/L
8	有害物质	参照地面水水质卫生标准执行

随着人们生活方式的不断变化以及要求的提高,上述指标也会不断的被修订和完善,例如建设部最新颁布的规范就将《生活杂用水水质标准》修订为《城市杂用水水质标准》,并且把原来的厕所便器冲洗,城市绿化和洗车、扫除两项增加到冲厕、街道清扫、消防;城市绿化;洗车;建筑施工等4项,相关的指标也进行了修订。

2.8 自 来 水

城镇中使用的自来水真的是自来吗？当然不是。是人们通过各种办法由江、河、湖、海或地下取来,经过必要的净化消毒再通过大小管网输送到各家各户使用。过去由于经济还不够发达,整个社会的需用水量少,尤其是生活用水与农业、工业用水的比例小,水质好的水源相对充分,开采容易,只要花很少的代价就可以输送给用户使用,所以水价比较低廉。现在不同了,经济发展,人口增加,人们不断追求舒适的生活条件和环境,这许许多多是建立在耗费大量水的基础之上的。另外人类的社会活动不断破坏着生态环境,生态环境的恶化首先殃及水源。

为了保证城镇的水源供应,就要把不适合人们使用的水通过净化的方法达到能够使用的目的,多年以来在使用的比较成熟的净化方法有:利用沉淀法去除水中密度大的固体颗粒物;利用絮凝沉淀法,砂过滤,纤维过滤,活性炭吸附过滤,烧结材料（多孔陶瓷、树脂材料）过滤可以去除水中的悬浮颗粒物;加氯,煮沸法,臭氧,紫外线可以杀死水中的微生物、细菌、病毒;利用生物膜,氧化塘可以去除水中的有机物。

上述一些简单的水处理方法,已经不能满足人们对饮用水越来越高的要求,目前的科技发展水平逐步能够满足人们的这种需求,例如采用蒸馏,离子交换,电渗析,反渗透,钠膜过滤可以对不符合要求的、含有各种溶解物的水进行更深度的处理,去除水中的无机盐类和有机离子等。当然使用这些方法都需要付出很大的代价,要消耗大量的能源,还要浪费一部分水源,因此应该提倡按需供水(质)。

"膜法"(利用有不同孔径的一种特殊材料和方法过滤)在近年的水处理工作中发挥了越来越重要的作用,虽然"膜法"的基本工作原理相似,但根据膜的结构不同、施加的外力不同、去除的对象不同,有着不同的叫法,前面所列的电渗析,反渗透,钠膜等即是属于这一范畴。表2.9列出了它们的应用范围。总之,去除物质的颗粒越小,就要消耗更多的能源,并且还要伴生20%～50%的(目前技术水平)含有高浓度杂质的"废水"。

"膜法"的分类　　　　　　　　　　　　表2.9

膜的种类	膜的功能	分离驱动力	透过物质	被截留物质
微滤	多孔膜、溶液的微滤、脱微粒子	压力差	水、溶剂和溶解物	悬浮物、细菌类、微粒子
超滤	脱除溶液中的胶体、各类大分子	压力差	溶剂、离子和小分子	蛋白质、各类酶、细菌、病毒、乳胶、微粒子
反渗透和钠滤	脱除溶液中的盐类及低分子物质	压力差	水、溶剂	无机盐、糖类、氨基酸、BOD、COD等

续表

膜的种类	膜的功能	分离驱动力	透过物质	被截留物质
透析	脱除溶液中的盐类和低分子物质	浓度差	离子、低分子物、酸、碱	无机盐、糖类、氨基酸、BOD、COD等
电渗析	脱除溶液中的离子	电位差	离子	无机盐、有机离子
渗透气化	溶液中的低分子及溶剂间的分离	压力差、浓度差	蒸汽	液体、无机盐、乙醇溶液

给水厂主要的任务是利用上面所述的水处理方法将不符合人们需要的水净化成符合需要的水,再由泵站加压输送给用户。为了提高效率,节省资金,都是根据实际水源的好坏,采用几种方法联合处理,以发挥各自的长处。当本地的水资源不够使用时就要到更远的水量丰富的水源地取水,甚至要到千里以外取水。缺水已成为世界各国共同面对的问题,甚至有人预言,新的世纪里战争将是因争夺水源而引起,可见问题的严重性了。

经过自来水厂处理过的水,都要经过严格的定时化验检查,必须达到国家标准《生活饮用水水质标准》,才能输送出厂,这样的水即便是生饮也不会对人体产生伤害。那为什么我们家里的自来水一般不能生饮呢?这主要是水在输送过程中受到了二次污染,二次污染主要由于输送的管线过长,长期使用不能清理;破损检修时漏进了污物等。还有一种二次污染是由于用户的储水箱造成的,储水箱是保障局部区域(高层楼房或边远的小区)给水的必要设施,它是一个开放式的十几~几十立方米的大水箱,放在楼房的顶层,起到调节水量,保证供水压力的作用。过去该水箱是用铁板或混凝土制造,如果长期疏于管理就会有大量的铁锈、尘土、沙粒、施工时遗弃的杂物、油漆等造成的污染,尤其严重的是一些小动物为了找水喝而污染了水箱水,或是淹死在水箱里,没有及时发现,都会使水质恶化。现在大量的水箱采用不锈钢、搪瓷钢板、优质的工程塑料、玻璃钢等材料制造,可以防止水箱本身材质产生的污染;房屋管理部门或物业管理部门应请专业人员定期对水箱进行清理和消毒,可以减少日常的污染。

达到《生活饮用水水质标准》的自来水是可以直接饮用的,并且能补充一部分人体需要的微量元素,根据需求量用水,符合节水省能的原则。为此近年发展了直饮水系统,这是在小的供水区域内(单门独户或楼宇中),将不宜直接饮用的水(有二次污染;水质本身差,含盐或有害元素但没有超过国家卫生标准的要求),经过进一步深度处理(过滤和反渗透等),达到优质水或纯净水的指标。用一条专用的没有污染的管线(例如不锈钢管)及时输送给用户使用。这种水是生活用水中质量最好的水,应该优质优用,仅供饮食使用,更不可以浪费。

2.9 图纸和图例

一个区域(大至城镇小到一间房子)的给水系统都可以用图纸来表达,新建给水系统可以用图纸指导施工,也是检查施工质量的依据。使用中的给水系统也要依靠图纸维护正常运转,有了正确可靠的图纸会给检修工作带来很多的方便,通过图纸也可以分析给水系统是否合理。常用的器材的图示现在已经有了相应的国家标准,现将 GB/T 50106—2001《给水排水制图标准》中的图例部分引录如表 2.10~2.20。

管道图例　　　　　　　　　表 2.10

序号	名称	图例	备注	序号	名称	图例	备注
1	生活给水管	━━J━━		16	雨水管	━━Y━━	
2	热水给水管	━━RJ━━		17	压力雨水管	━━YY━━	
3	热水回水管	━━RH━━		18	膨胀管	━━PZ━━	
4	中水给水管	━━ZJ━━		19	保温管		
5	循环给水管	━━XJ━━		20	多孔管		
6	循环回水管	━━XH━━		21	地沟管		
7	热媒给水管	━━RM━━		22	防护套管		
8	热媒回水管	━━RMH━━		23	管道立管	XL-1 平面(图) / XL-1 系统(图)	X:管道类别 L:立管 1:编号
9	蒸汽管	━━Z━━					
10	凝结水管	━━N━━					
11	废水管	━━F━━	可与中水源水管合用	24	伴热管		
12	压力废水管	━━YF━━		25	空气凝结水管	━━KN━━	
13	通气管	━━T━━		26	排水明沟	坡向→	
14	污水管	━━W━━		27	排水暗沟	坡向→	
15	压力污水管	━━YW━━					

注：分区管道用加注角标方式表示：如 J_1、J_2、RJ_1、RJ_2……

管用附件　　　　　　　　　表 2.11

序号	名称	图例	备注	序号	名称	图例	备注
1	管道伸缩器			7	管道固定支架		
2	方形伸缩器			8	管道滑动支架		
3	刚性防水套管			9	立管检查口		
4	柔性防水套管			10	清扫口	平面(图) 系统(图)	
5	波纹管			11	通气帽	成品　铅丝球	
6	可曲挠橡胶接头						

续表

序号	名称	图例	备注	序号	名称	图例	备注
12	雨水斗	YD-平面(图) YD-系统(图)		18	减压孔板		
13	排水漏斗	平面(图) 系统(图)		19	Y形除污器		
14	圆形地漏		通用。如为无水封，地漏应加存水弯	20	毛发聚集器	平面(图) 系统(图)	
15	方形地漏			21	防回流污染止回阀		
16	自动冲洗水箱			22	吸气阀		
17	挡墩						

管道连接　　　　　　　　　　　　　　　　表2.12

序号	名称	图例	备注	序号	名称	图例	备注
1	法兰连接			7	三通连接		
2	承插连接			8	四通连接		
3	活接头			9	盲板		
4	管堵			10	管道丁字上接		
5	法兰堵盖			11	管道丁字下接		
6	弯折管		表示管道向后及向下弯转90°	12	管道交叉		在下方和后面的管道应断开

管件　　　　　　　　　　　　　　　　　　表2.13

序号	名称	图例	备注	序号	名称	图例	备注
1	偏心异径管			8	弯头		
2	异径管			9	正三通		
3	乙字管			10	斜三通		
4	喇叭口			11	正四通		
5	转动接头			12	斜四通		
6	短管			13	浴盆排水件		
7	存水弯						

阀 门　　　　　　表 2.14

序号	名称	图例	备注	序号	名称	图例	备注
1	闸阀			15	气闭隔膜阀		
2	角阀			16	温度调节阀		
3	三通阀			17	压力调节阀		
4	四通阀			18	电磁阀		
5	截止阀	DN≥50　DN<50		19	止回阀		
				20	消声止回阀		
				21	蝶阀		
6	电动阀			22	弹簧安全阀		左为通用
7	液动阀						
8	气动阀			23	平衡锤安全阀		
9	减压阀		左侧为高压端	24	自动排气阀	平面(图)　系统(图)	
10	旋塞阀	平面(图)　系统(图)		25	浮球阀	平面(图)　系统(图)	
11	底阀			26	延时自闭冲洗阀		
12	球阀			27	吸水喇叭口	平面(图)系统(图)	
13	隔膜阀			28	疏水器		
14	气开隔膜阀						

给 水 配 件　　　　　　表 2.15

序号	名称	图例	备注	序号	名称	图例	备注
1	放水龙头	平面(图)　系统(图)		6	脚踏开关		
2	皮带龙头	平面(图)　系统(图)		7	混合水龙头		
3	洒水(栓)龙头			8	旋转水龙头		
4	化验龙头			9	浴盆带喷头混合水龙头		
5	肘式龙头						

消防设施　　　　　表2.16

序号	名称	图例	备注	序号	名称	图例	备注
1	灭火栓给水管	XH		14	水幕灭火给水管	SM	
2	自动喷水灭火给水管	ZP		15	水炮灭火给水管	SP	
3	室外消火栓			16	干式报警阀	平面(图) 系统(图)	
4	室外消火栓（单口）	平面(图) 系统(图)	白色为开启面	17	水炮		
5	室外消火栓（双口）	平面(图) 系统(图)		18	湿式报警阀	平面(图) 系统(图)	
6	水泵结合器			19	预作用报警阀	平面(图) 系统(图)	
7	自动喷洒头（开式）	平面(图) 系统(图)		20	摇控信号阀		
8	自动喷洒头（闭式）	平面(图) 系统(图)	下喷	21	水流指示器		
9	自动喷洒头（闭式）	平面(图) 系统(图)	上喷	22	水力警铃		
10	自动喷洒头（闭式）	平面(图) 系统(图)		23	雨淋阀	平面(图) 系统(图)	
11	侧墙式自动喷洒头	平面(图) 系统(图)		24	末端测试阀	平面(图) 系统(图)	
12	侧喷式喷洒头	平面(图) 系统(图)		25	手提式灭火器		
13	雨淋灭火给水管	YL		26	推车式灭火器		

注：分区管道用加注角标方式表示：如 XH_1、XH_2、ZP_1、ZP_2……

卫生设备及水池　　　　　表2.17

序号	名称	图例	备注	序号	名称	图例	备注
1	立式洗脸盆			8	污水池		
2	台式洗脸盆			9	妇女卫生盆		
3	挂式洗脸盆			10	立式小便器		
4	浴盆			11	壁挂式小便器		
5	化验盆、洗涤盆			12	蹲式大便器		
				13	坐式大便器		
6	带沥水板洗涤盆		不锈钢制品	14	小便槽		
7	洗涤槽			15	淋浴喷头		

小型给排水构筑物 表2.18

序号	名称	图例	备注	序号	名称	图例	备注
1	矩形化粪池		HC为化粪池代号	6	中和池		ZC为中和池代号
2	圆形化粪池			7	雨水口	单口 双口	
3	隔油池		YC为除油池代号	8	阀门井检查井		
4	沉淀池		CC为沉淀池代号	9	水封井		
				10	跌水井		
5	降温池		JC为降温池代号	11	水表井		

给水排水设备 表2.19

序号	名称	图例	备注	序号	名称	图例	备注
1	水泵	平面(图) 系统(图)		7	快速管式热交换器		
2	潜水泵			8	开水器		
3	定量泵			9	喷射器		小三角为进水端
4	管道泵			10	除垢器		
5	卧式热交换器			11	水锤消除器		
				12	浮球液位器		
6	立式热交换器			13	搅拌器		

仪 表 表2.20

序号	名称	图例	备注	序号	名称	图例	备注
1	温度计			7	转子流量计		
2	压力表			8	真空表		
3	自动记录压力表			9	温度传感器	T	
				10	压力传感器	P	
4	压力控制器			11	pH值传感器	pH	
5	水表			12	酸传感器	H	
				13	碱传感器	Na	
6	自动记录流量计			14	余氯传感器	Cl	

对于表中未能包括的器材,也可以根据该器材的最显著特征(外型的或功能方面的)作为代表符号,并在图例中用文字注明,再用线条代表管路把给水器材连接起来就构成了给排水图纸,在线条上标上符号,可以表示管内流的是什么样的水,例如自来水、热水、中水、污水、回水、循环水等,标上管径代表该管的粗细,标上米数代表该管的实际长度,标上高度可以表示管子在空中或埋地的位置。为了表达清楚,常用图可分为两种:平面图和系统图(透视图,轴侧图,立体图),平面图样式见图2.5。

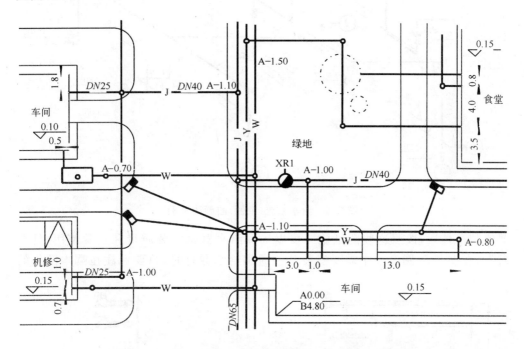

图2.5 给水排水平面图画法示例(某厂区局部给排水管网图)

这是由上向下看的俯视图,按一定缩小比例准确的标注尺寸,明确管线、各个器材在平面上的准确位置,无论是地面以上的还是地面以下的都要画出来。由于管网都是立体交叉的,一张平面图往往表达不清楚,尤其不能表达高度位置,管线、器材重叠也不容易表示清楚。这时还需要一种按轴侧方法绘制的系统图,配合平面图标明各管线之间的相互关系,有时管径也标示在系统图上,它的样式参见图2.6。

由于一般的给水系统都是安装在范围很大的立体空间里(包括地上地下),而每一个给水器具相对又很小,安装尺寸要求又很严格,很不容易在上述的两种图纸上表达清楚,这样还有一种标准图集供施工时使用,这种图集是把通用给水器材、设施安装型式规范化,绘出详图编号汇编成册,由出版部门正式出版发行,这些图

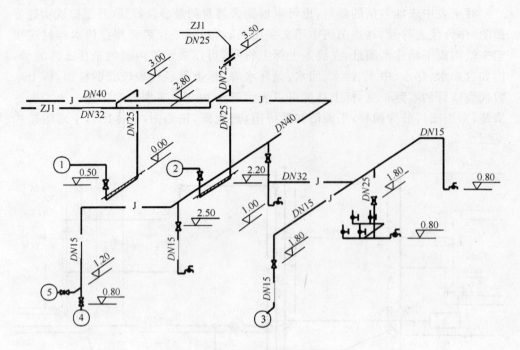

图 2.6 给水系统(轴侧)图画法示例

具有规范性质,按照这些图纸施工可以确保给水器材安装质量和正常使用,见图 2.7。在图 2.5、图 2.6 中需要安装某些通用给水器材时,只要标注在哪本图集的

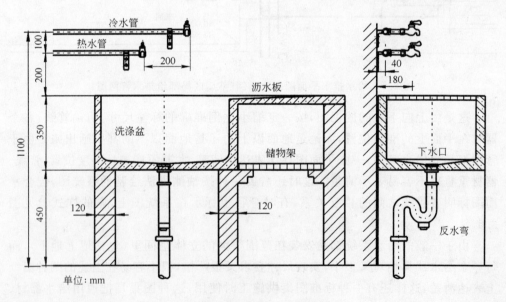

图 2.7 给水器具安装详图

某图号即可,同样一些与给水排水相关的构筑物设施也可不必再另绘图纸,在规范的图册里可找到详细的资料。见图2.8。

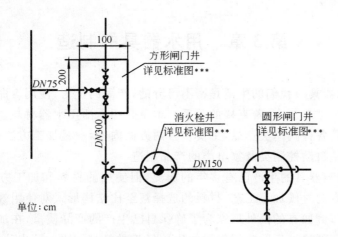

图 2.8 管道节点图画法

第3章　用水器具的制造

生活用水器具与我们的生活是密不可分的,产品的优劣、使用寿命的长短与其选用的材料、加工工艺,有着直接的关系。本章介绍生活用水器材与器具的一般制造知识,重点是各种阀门类产品,主要包含两方面内容,一是加工方法,二是所使用的材料,不包括自动控制类及家电类的产品制造。

用水器材与器具的生产已有多年的历史,但使用的材料和加工方法却在不断地向前发展,有的时候加工工艺、材料的选择甚至比结构形式对使用效果好坏影响更为重要一些,例如有的国外厂家为了确保自己生产的产品质量,在加工用水器具的铜壳体时,宁可放弃目前广泛使用的比较经济的铸造工艺,而采用黄铜棒料(型材)通过冷加工做成产品,仅一个分厂每天耗铜材 70Mg(上世纪末,大约相当我国一个中型水暖器材厂一年的消耗),其中 78% 成为铜屑返回给铜材加工厂,因此该厂的废品率维持在非常低的水平(大约在万分之一以内)。随着技术的进步,新材料和新的加工方法层出不穷,也不断的被引进到用水器具的制造业中来,例如合成材料(塑料)的应用,热锻压(红冲)的加工方法等,相信今后还会有新技术引入这一领域,本章就目前加工用水器具经常使用的方法和材料加以简单介绍。

3.1　砂　型　铸　造

大部分给水器具的金属外壳都是用砂型铸造方法生产的,生产时先做一个能分成两半的木制实物模型,当批量很大时需要制作金属的模型,用它反复地在砂箱中做出形状相符的半凹槽,如果需要做中空的零件,事先还要用含有粘接剂的砂做好"型芯",放在凹槽中间,两个凹槽合成一个整体型腔,用熔化的金属倒入其中,待冷却后,去掉外面和中间的型砂,即可得到所需要的零件毛坯。砂型铸造生产工艺比较简单,技术含量也比较低,生产规模可大可小,生产费用低,可以大批量生产同一种曲面复杂的壳状产品或实心产品,从数十克到数十千克的用水器具零件都可以生产。它的缺点是产品较粗糙,容易产生砂眼、错箱、疏松等缺陷,造成大量的废品,不能一次完成零件的加工,密封面和螺纹部位还需要进一步精细加工,另外生产劳动强度大,生产环境差,劳动效率低,对环境有污染也是这一生产工艺的不足之处。

为了克服砂型铸造产品中的一些缺陷,还发明了一种离心铸造法,它比较适用于回转体的产品(零件)生产,例如离心铸造水管。该法生产的产品可以克服上述重力法的产品的缺陷,产品质量好,密实,表面也比较光滑。

3.2 特种铸造

凡是与上述普通砂型铸造有一定区别的铸造方法,我们统称为特种铸造。特种铸造的方法已发展到几十种,但适用于生产给水器具的方法还不是很多,目前生产中使用比较多的有熔模铸造、压力铸造、低压铸造等。

熔模铸造是精密铸造的一种俗称失蜡铸造,生产时先用石蜡和模具压出与所需零件尺寸完全一致的石蜡零件模型,再用耐高温的粘接剂将砂粘在石蜡模型上,直到形成一层硬的厚壳,最后将熔化的金属液倒在做好的模型上,热金属水占据石蜡熔化流失留下的空腔,冷却后就制成与石蜡零件模型一样的金属零件了。由于石蜡零件模型可以制作的很精细,因此用精密铸造加工的零件无论是外观还是内在质量都是很好的。这种方法也克服了砂型铸造的笨重体力劳动,对环境的影响(污染)小,但它的生产工序繁多,周期较长,成本高,另外零部件上面的密封面、连接螺纹等部位,还需要另外加工。目前大多采用该法生产小型的不锈钢给水阀门及管件。

压力铸造简称压铸,是在高压作用下,以很高的速度把液态或半液态金属压入金属铸型(也称为压铸型或压铸模),在压力下充型、赋形和结晶的一种铸造方法。由于金属液受到很高的压力,因而流速很高,充型时间极短,所以高压高速是压铸的基本特点。压铸产品的优点是尺寸精度高、表面光洁、互换性好、可以压出薄壁复杂的铸件,甚至一些连接螺纹也可以同时铸造完成;压铸的生产效率高、经济效益好也是它突出的优点。目前在锌、铝、镁、铜合金方面应用较广。但压铸的方法也存在一些不足,例如设备投资大,系统及铸型复杂,制造费用高,准备周期长,因此只适用于内腔结构不太复杂的定型产品的大量生产;压铸的高速度带来的问题是有时不能有效排除气体,造成铸件产生多孔性疏松。

低压铸造是介于重力铸造(砂型、金属型、壳型等)与压力铸造之间的一种方法,低压铸造见示意图3.1。它是在储有一定温度的液态金属的密封坩埚内,通入干燥的空气或惰性气体,使坩埚内的金属液面上保持一定压力,在此压力作用下,金属液可以自下而上通过升液管压入事先准备好的(产品)型腔内,并保持压力,直到型腔内的金属液全部凝固,然后减压,使升液管和浇铸系统中没有凝固的金属液由于重力作用而流回到坩埚,准备下一个铸造。低压铸造的优点是:浇铸时压力和速度可以人为控制,充型平稳;铸件在有压的情况下自上而下顺序凝固,组织致密;铸件底注充型,浇口也是冒口,合格率高,材料的实收率也高;劳动条件较好,现在许多控制都已经实现计算机管理,更加提高了劳动效率。由于低压铸造的型腔基本上是密封的,因此腔内的排气也是一个重要的问题,排气不畅通,容易形成浇不足和气孔等缺陷。

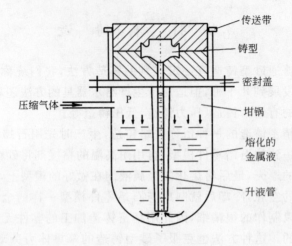

图 3.1　低压铸造示意图

3.3　热　锻　压

热锻压加工(红冲、模锻),由于这种加工方法能克服用砂型铸造容易产生的疏松和砂眼,近年在黄铜(或铁)阀门生产当中,代替部分砂型铸造,得到广泛使用,产品类型也是阀门的壳体、零件一类。另外值得一提的是,锻压加工还可以高效率的生产出过去传统方法很难加工的零部件,尤其一些精细的薄壁小零件,例如陶瓷片阀芯的外壳等。

热锻压加工先要用耐热合金钢制造一套模具,再按照零件用料多少截取一块黄铜(或铁)料,利用喷灯或烘炉将材料加热到红软时放入模具内冲压,原料就依照型腔的形状被挤压成所需要的零件,再去掉飞边、毛刺,加工出螺纹及密封结合面,即得到所需要的零件成品了。

热锻压加工是通过挤压成型的,密实性好,由于模具表面光洁,尺寸精确,压出的零件也比砂型铸造光洁了,尺寸也可以很精确。该加工方法的一个缺点是需要考虑脱模方便,设计零件形状时要受到一定的制约,例如用锻压法生产的过滤器就不如用铸造法生产的好用,主要是局部阻力损失较大。受到生产工艺和经济性的限制,目前用锻压法比较适合生产 DN50 以下的黄铜阀门零件,个别铁零件也有用热锻压法加工的。

3.4 塑料的注射与挤出(模塑)

注射与挤出用于塑料制品的加工,注射用于生产给水器具的零件;挤出用于生产连续的给水材料,例如塑料输水管等。注射与挤出加工都是高效率的加工方法,产品的一致性好,形状复杂的零部件,包括要求严格的密封面、连接螺纹也可以一次加工完成,例如目前大量的水箱配件采用了注射成型的工艺进行生产,取得了很好的效果。

注射与挤出加工,只要原材料合乎要求,模具加工得好,加工出的零件质量是很高的。

3.5 机加工

机加工又称冷加工,是指在常温情况下,不加热工件,通过切削加工产品的方法。是制造给水器具零件必不可少的加工过程,一般有车、铣、刨、磨、钻等形式。加工给水器具用车、钻较多,主要是钻孔,攻丝,车削螺纹及密封接合面。

由于给水器具的制造专业性很强,尤其是一些专业化的大厂,产品有自己的特殊性,有自己的品牌,同一型号的零部件批量很大,多自行研制专用组合机床,一次装卡工件可以完成多个工序,加工产品效率高,尺寸准确,质量好。

3.6 镀(涂)层

给水器具外表装饰镀层,不仅仅是为了美观,更主要的目的是提高器具使用寿命。铁件接触水就会锈蚀,尤其是密封面锈蚀了就会漏水,螺纹锈蚀了就会撸扣,一些铸铁产品通过涂刷防锈漆和彩色油漆防锈,效果不好,而且有的溶出物对人还有害。有的采用喷塑做表面装饰,质量差异较大。好的产品涂层牢固、坚韧,色彩与质感与周围所用器具能够协调一致。涂层差的易脱落。对于铸铁件较适合的涂层是镀锌,镀锌分热镀(热浸)和冷镀,热浸镀层厚,结合牢固,使用数年也不会锈蚀,热浸镀锌表面不够光洁,镀层厚薄不是太均匀,因此零件热浸锌后对于螺纹、阀口密封面还需要进行一次精加工,加工时要预防破坏已有的镀层。冷镀锌表面光亮(尤其是新出厂的产品),可以看出镀层很薄但均匀,由于镀层薄,结合牢固度差。这样的镀层耐用性差,与水接触,使用数月就要锈蚀,在仓库中贮藏久了或受到潮湿,镀锌的表面会产生一层白粉状的氧化锌,这样就失去了保护作用。铸铜(黄铜)较铁件要耐腐蚀,但如果不做表面处理,也很容易受到空气中氧和硫的氧化腐蚀,而产生铜绿或变黑,一般认为铜绿是对人有害的,同时感官上也变得很差,铸铜件通过镀铬可以取得较好的防腐效果。表面镀铬的好坏国家有专门的检测标准。主要考察两方面性能,一是耐腐蚀性,二是结合的牢固。耐腐蚀性检测采用盐雾试验;牢固度检测采用方格划痕法。好的镀层要分几次加工,分别镀铜、镍、铬等,镀层厚而且牢固,表面光亮,坚硬不易划伤。现在很多质量较好的水龙头(或其他的给水器具)采用了真空镀氮化钛膜表面处理,这样的表面镀层硬度很高、更耐摩擦、外观光亮豪华,颜色如黄金,具有贵金属的质感,装饰效果很好。

用水器具是一种大众化的产品,制造材料应该容易得到,价格比较便宜,做成的产品对人无毒;对环境无害;比较耐用。现在最常用的材料有以下数种:

3.7 黑 色 金 属

通常把铁(有时也包括铬和锰)和铁基合金称为黑色金属。其主要产品有钢和铸铁两类。钢材致密,韧性好,强度高,易于被冷加工,耐腐蚀性能较差,不做表面防腐涂(镀)层,不宜制造给水器具。铸铁有灰铸铁(普通铸铁)、球墨铸铁(耐磨铸铁)、可锻铸铁(玛钢)三种。灰铸铁价廉,易于铸造,加工,质地较疏松,强度也差,没有韧性,只能制造低档或一般的给水器材,属于应该淘汰的产品。球墨铸铁强度较好,也容易铸造加工,它的最大特点是耐磨性能好,在没有其他材料可用时可以用来制造给水器材。铸铁中最适合制造给水器材的是可锻铸铁,目前绝大多数管件、阀门的壳体都是用可锻铸铁制造的,可锻铸铁较容易大批量铸造加工成复杂的壳体形状,价格也较低廉,制作的给水器具具有一定的防腐性,且有一定韧性和强度,例如用可锻铸铁制造的水龙头壳体,在我国北方冬季使用就可以耐受轻微的冻胀。

用可锻铸铁制造的零件必须要进行回火(时效)处理,否则不易进行再加工,回火处理的零件还可以消除铸造时内部产生的应力。

不锈钢是含有一定量铬、镍、钛等金属元素的钢,这是一种强度高、韧性好,不易锈蚀的金属材料,不污染水体,有着致密的银灰色外观,用不锈钢制造的产品非常耐用,只是价格较高,另外对于制造工艺要求也比较高。

3.8 有 色 金 属

除了黑色金属以外的金属材料就是有色金属了,从加工及价格因素考虑,用于制造给水器材的主要是铜和铜合金。用该材料制造的产品质量优于铸铁制品。但一般的黄铜中所含有的重金属铅,容易为热水析出,以至水中含铅,危害人的健康。因此现在提倡要用含铅量低的环保黄铜,制造给水器具中与水接触的部位。如果没有条件使用这样的材料,也可以采用洗铅的方法将水道里的铅事先溶出,以减少铅对人的危害。由于用黄铜制造的给水器具售价较高,利润空间较大,就有条件把产品的外型做得更加精致华丽,这样就又可以进一步提高产品的销售价格,目前黄铜产品已经成为主流产品。总之用这一类材料制成的产品,本身不易锈蚀,内部加工也很考究,长期使用也不漏水。在给水器材的配件中,不与水接触的部位,例如水龙头的手柄也大量的使用锌基合金材料或含铅的黄铜,这些材料价廉,易加工,但不应该用于与水直接接触的部位,它们容易老化腐蚀,溶出物对人体也有害。

3.9 塑 料

塑料是由人工合成的一类材料,近 20~30 年来得到广泛的应用。塑料最大的优点是不因接触水而被腐蚀,因此特别适合做给水器具中不太受力的零部件,尤其是在水箱配件的制造上有着不可取代的优势,且特别容易用注塑的方法大批量生产,加工费用也较低。它的缺点是容易老化,强度和耐磨性较低。塑料的品种很多,某些品种的添加剂会对人体造成一定危害。直接与食用水接触的器材应该选择那些卫生部门认可的材料制造,一般可以采用 ABS、聚乙烯、聚四氟乙烯等等。

不同的塑料性能与价格相差悬殊,有时商家为了获取大的利润,或与其他材料在价格上竞争,往往使用了性能差一些或再生料生产产品,给使用人留下了不好的印象。

3.10 橡 胶

橡胶在制造给水器材当中主要是做密封件。对于给水器材的质量来说,密封件起着非常关键的作用。橡胶与塑料有些类似,质量和价格差别很大。橡胶包括天然橡胶和人工合成橡胶,虽然天然橡胶的综合性能很优秀,但它有一个很大的弱点就是在水中使用容易孳生细菌,细菌会蚕食橡胶而破坏它的密封作用,目前制造给水器具密封件的橡胶材料多使用人工合成的丁腈胶、硅胶、三元乙丙胶或氯丁胶,其中硅胶性能比较优秀,弹性好、耐高温、耐老化,极少毒副作用,尤其适宜制造与饮用水有关的给水器具,不足之处价格稍高,耐磨性稍差。制造密封件的橡胶要混炼均匀细腻,加工尺寸要精确,表面要光洁,因为橡胶件都是用模具生产的,因此模具的质量也起着至关重要的作用。

第4章 输水控制阀

本节讨论的阀门仅限于自来水管网末端，与生活用水户相关联的阀门产品，这些阀门起着截断、调节、防止逆流、降压等作用，一般是口径为 40mm 以下的小型阀门，它们与工业阀门有一定区别。

根据需要用水量的多少，选用不同的管径，和相应的阀门口径。作为控制一户用水的阀门，口径不宜超过 $DN25mm$，卫生间冲水便器不经过水箱直接冲水的，口径不宜小于 $DN20mm$。

过去安装在水表前的进户总管上的阀门，多是铸铁的闸（板）阀。关闭闸阀、切断水源，就可以方便的检修或更换损坏的给水器具。管网压力高时，也可以选用截止阀来控制给水量，防止出水飞溅。是一种间接的用水器材，对节水也有重要的作用。一般在阀体的侧面除了商标以外，还标有两个重要的技术参数（有些小阀门标在产品合格证上），一个是阀的口径，用 DN 加一组数表示，数字后面隐去的单位是 mm（毫米），另一组参数是该阀的公称压力（最高使用压力），即该阀允许使用的最高压力，用 PN 加数字表示，数字后面隐去的单位是 MPa，例如阀的外壳上标有 $DN25$，$PN1$ 就表示该阀的口径是 25mm，公称压力 1MPa。在管网上使用的阀门有的是过去生产的老产品，标注代号不符合现行标准的要求。例如公称口径采用 DN，隐含的单位也是 mm；公称压力采用 Pg，单位是 kg/cm^2，也不标明单位，但实际数值是 PN 的 1/10。

由于铸铁阀门特别是小型阀门（闸阀、球阀、截止阀）容易因锈蚀损坏，现在逐步改用黄铜制造的阀门代替铸铁阀门。另外由于技术的进步，各种各样的用水器具不断进入家庭，因此对给水的控制提出了更高的要求，止回阀、减压阀、过滤器等都得到了应用，以下介绍一些人们比较常用的（支管）控制阀：

4.1 旋 塞

旋塞阀（简称旋塞）（译音考克，转心门、节门）使用的历史已经很长，旋塞的阀芯是一个横向有一长孔的圆锥体，插在有圆锥孔的壳体中就组成了一个最简单的旋塞，壳体横向对应的位置加工有进出的孔道，阀芯的孔与壳体的孔道相对，管路即通，利用手柄改变阀芯孔与阀体孔的相对位置，就可以达到调节流量和开关的目的。一般旋塞阀用铸铁或黄铜做壳体用黄铜做阀芯，使用领域也很广泛，水、油、气等流体都可以用旋塞(阀)控制输配,旋塞的外形见图 4.1。

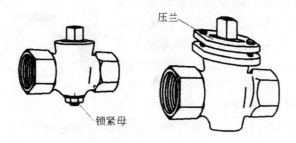

图 4.1 旋塞阀

旋塞的优点是结构简单,容易制造,体积小,密封面有自补偿性,不容易损坏,比较耐用,也能适应有一些悬浮杂质的水。它的缺点是密封面积(摩擦面)大,开关费劲,阀芯与阀体需要配做。没有压兰或锁紧母的旋塞阀阀芯很容易从阀体内脱出,不能用在有压力的给水系统中,否则容易出现跑冒滴漏的情况。为了使旋塞能在有压的管网中使用,就必须要在阀芯的上端面制作上压兰,或在阀芯的下端面(尾部)安装锁母及弹簧,锁紧密封面。这样的旋塞不但可以防止阀芯脱出,而且有利阀的密封,也可以用在压力很高的系统中。锁紧密封面的阀门开关会变得非常费劲,当需要开关时就必须松开锁母或压兰,所以这种阀门比较适用于不需要经常开关的管路控制,例如楼房单元门的给水立管节门,要比其他形式的阀门更耐用。

在我国有一些地区,习惯使用一种关闭后自动泄流的旋塞阀,作为每户自来水的进水总控制阀,效果不错,在我国北方使用具有一定防冻性能。开、关阀时需要先松开下面的锁母,旋转阀芯到需要的位置,这时阀门如果漏一点水,必须再锁紧锁母直到不漏水。没有锁母的旋塞阀不能用在自来水管网上,该阀的外型及工作原理见图 4.2。

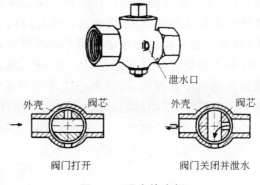

图 4.2 泄水旋塞阀

4.2 球 阀

球阀是由旋塞演变而成的,它利用一个有通孔的球在阀体内作水平转动,当转到通孔与所连接的管路对正时通水(打开阀门),再转动 90 度通孔与管路垂直时闭水(关闭阀门),球与阀体(阀座)之间靠两个"O"型圈密封(目前使用最多的是聚四氟乙烯塑料),小型($DN<50mm$)内螺纹球阀见图 4.3。该阀无论是全开或全闭时密封圈都是顶紧在球面上的,为了使球阀不易漏水,球与密封圈装配的都比较紧。阀如果处于半开时密封圈会有部分处于悬空状态,时间长了密封面容易发

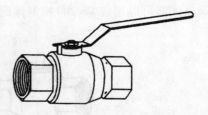

图 4.3　内螺纹球阀

生变形,当再次关闭阀门或进一步打开时常会损伤到密封面,以至造成阀的内漏水。因此这种阀门主要是做开关用,不宜做调节流量用。密封圈与球顶紧的另一个弊端是开关力矩较大、阀的通径越大,这一力矩也越大。因此用于连接和定位阀杆的阀球上端的导槽容易磨损,不能使阀球正确定位,造成阀门打开、关闭不到位的故障。因此制造阀球、阀杆的材料及加工精度要求较高,不锈钢最好,铜镀铬次之,铁镀铬较差,铁镀锌属劣质产品。球的表面加工要光洁像镜面一样,尺寸也要准确,这样才能保证球阀开关自如,长期使用不损坏。球阀的优点是构造简单,流通阻力小,安装时不必考虑方向,只须要注意手柄开关方便。球阀的缺点不宜频繁启闭和做节流使用,另外该阀的密封或阀杆损坏时,必须要将阀体从水管上拆下来才能检修或更换,即阀的上游水管必须停水。

选择球阀还要注意球的孔径大小,孔的直径与对应的水管口径相同的称为等径球阀;小于对应的水管口径的称为缩径球阀。对给水压力较低而流量要求较高,系统阻力要求小的场合,应该选择等径球阀。等径球阀流通阻力小,但阀的体积稍大,价格也比较高。缩径球阀用于对流量要求不高,或管网压力较高,允许阀阻力损失稍大的地方。球阀还有固定球、浮动球之分,固定球的阀门加工要求高,球与阀体的相对位置固定,阀杆中心线与球的旋转轴必须同心,一般低压(1.0MPa以下)管网多使用浮动球的球阀,这种阀的球浮动的夹在两个环状密封圈之间,阀杆中心线与球的旋转轴允许存在一定误差,因此降低了加工的精度要求。

4.3　闸　阀

闸阀是一种使用非常广泛的阀门,外形是全对称的,小型($DN<50mm$)内螺纹闸阀见图 4.4。它是通过阀杆(上面有梯形螺纹)使一个扁圆形闸板,在流体流动方向的垂直面移动,使之与阀口相对位置改变达到控制流体的目的,这种阀门的密封关键是在阀门关闭时闸板的两侧必须与之相接触的阀口处处密合,为此现在生产的此类小型阀门大多采用楔形闸板,见图 4.5 它的好处是当闸板经过使用有磨损时,仍能够保持与阀口的紧密接触。

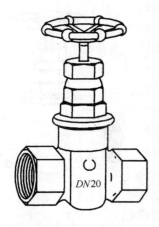

图 4.4 内螺纹闸阀

平行式闸板　　　楔形闸板

图 4.5 闸阀的闸板

为了降低造价,减少开关阀时的摩擦力,一般阀杆采用钢材制作,闸板采用黄铜制造,阀的其他部位用铸铁制造,这样阀杆非常容易产生电化学腐蚀,即使阀门长期不用(没有开关的磨损)也会使阀杆的螺纹严重锈蚀,造成闸板脱落或锈蚀在一起的故障,正常的阀杆与锈蚀的阀杆见图 4.6。这样阀门既打不开也关不上,反复拧手轮只是在那里空转,或根本拧不动。这一故障容易发生在 DN15、DN20 口径的小阀上面,因为这样规格的阀门阀杆直径本来就小,很容易被腐蚀,特别是安装在进户支管上,控制一户的用水,形同虚设。现

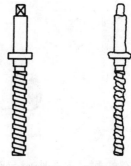

完整的阀杆(暗杆)　　锈蚀严重的阀杆

图 4.6 锈蚀的阀杆

在提倡使用优质全铜材质的阀门代替铁阀,这样造价会高一点,但从使用的可靠性考虑是合算的,也可以选用前面介绍过的专用旋塞阀,效果也不错。

闸阀的优点是开关力矩小且缓和,不易产生水击,流通阻力也较小,一旦阀杆或阀瓣磨损,必须检修时,若阀体没有损坏,就不必从管路上拆下来,只需找到同一型号(最好是同一生产厂的产品)的阀杆阀瓣更换即可。闸阀的结构是全对称的,因此安装时不必考虑阀的方向。

4.4 截 止 阀

截止阀的阀口轴线与流体方向一般呈垂直状,阀口上方设置一个可以上下移动的阀瓣,阀瓣压紧在阀口上,阀门关闭;阀瓣离开阀口,阀门打开。小型(DN<50mm)内螺纹截止阀外形见图 4.7。截止阀与闸阀的区别是阀瓣都是正挡在水流

动的方向,一个是做前后移动;另一个是做横向移动。截止阀利用阀瓣与阀口之间开启的狭缝控制水的流出,这样水可以不断冲刷阀口和阀瓣,不易受到水中杂质的影响。

从理论上说,阀瓣离开阀口的距离为阀口直径的1/4时,阀的开启流通面积(帘面积)就与阀口面积相等了,这时阀门的流量基本达到最大,再增大阀瓣与阀口的距离,流量也不再成比例增加。显然截止阀的结构特点要比球阀和闸阀的阻力来的都要大一些,为了减少这一结构带来的阻力损失,也有把垂直角设计成30°或45°的Y形截止阀,还有利用安装位置上的特殊性,把整个阀体做成直角型,例如角阀(八字门),消防栓,见图4.8。

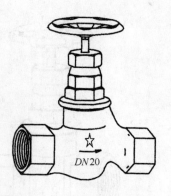

图4.7 内螺纹截止阀

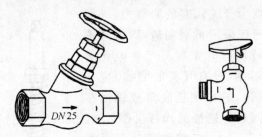

图4.8 "Y"形与角式截止阀

有的截止阀在阀瓣与阀口之间加上弹性的垫片,使阀瓣与阀口容易密合,但弹性垫片的耐磨性不如金属好,因此弹性垫片属于阀门的易损件,应该选用容易更换并且有备件的产品,阀门使用温度在80℃以下的,垫片采用橡胶材料,80~200℃时采用聚四氟乙烯塑料。

另外还有采用活阀瓣结构的截止阀,所谓活阀瓣结构就是阀瓣与阀杆非刚性连接,阀瓣只受阀杆传递的压力抵紧在阀口上,阀杆提起时阀瓣受流体压力脱离开阀口,这样的好处是可以使阀瓣自动均匀的抵紧阀口,有益于密封,并且降低了零件加工精度的要求。见图4.9。

截止阀应用广泛,开关可靠,使用寿命较长,适合做节流使用。它与球阀、闸阀相比较,缺点是流通阻力较大,密封力是人为控制,关闭时拧力过大容易造成阀门损坏。与闸一样一旦需要检修时阀体如果没有损坏,可以不必从管路上拆下来,只需找到同一型号(最好是同一生产厂的产品)的阀杆阀瓣更换即可。截止阀安装时有方向要求,一般在外壳上标有箭头,水流方向要与其一致。

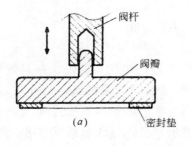 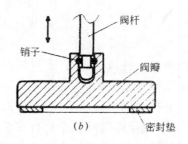

图 4.9 两种阀杆与阀瓣的活动连接

4.5 隔 膜 阀

一般的阀门都需要从管路外通过阀杆操作阀瓣开关水的,阀杆穿过管壁的密封(俗称上密封),是设计制造阀门需要解决的一个重要技术问题,设计不当就会向外漏水。隔膜阀是解决这一问题的方法之一,隔膜阀的结构与截止阀有些类似,外型及工作原理见图 4.10。结构特点是用一个柔性的膜(一般是橡胶膜)将流体与阀杆(开关机构)隔开,解决了上密封的漏水问题。阀杆也不容易受到流体的腐蚀。但这一结构也带来一些缺点,作为密封的膜片,周边要固定在阀体上,中间要能上下活动,还要受到一些旋转力的作用,使用寿命受到一定影响。隔膜阀最重要的用途是输送有害液体,阀体及阀的其他部件也都可以采用耐腐蚀材料(不锈钢、塑料、搪瓷等)制造。前些年为了解决螺旋升降式水龙头、脚踏淋浴阀的上密封漏水的老大难问题,利用隔膜阀的工作原理,开发了一些节水器具,尤其是利用弹簧压力关闭,直提开启的阀门(例如隔膜式脚踏淋浴阀),避免旋转力的破坏作用,大大延长了阀的使用寿命,通过数年的使用,效果较好。

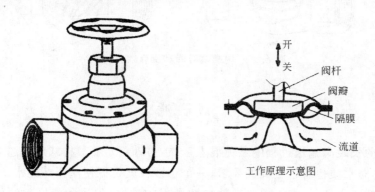

图 4.10 一种内螺纹隔膜阀及工作原理示意图

4.6 止回阀

止回阀是一种自动阀门,它可以有效防止输送出的水回流。一旦发生回流就有可能造成给水系统污染,存在着安全隐患,要耗费大量的水进行冲洗,这要浪费很多的水。在管网中安装了止回阀,被污染的水就不能倒流入管网,把污染的可能减到最小,它对保障管网安全运行有着重要的意义。也能起到节约用水的作用。

止回阀的工作原理是,水在正向流动时阀瓣由于水流的冲击作用(阀两侧的压力差)克服阀瓣的重力或弹性力抬起,打开阀门,一旦管网内失去压力(管路停水检修、水泵停止工作、管网爆裂、火情需要大量从管网抽水),支管的水压有可能超过管网的压力,阀瓣就会借助重力或弹力以及水的压力将阀门自动关闭。

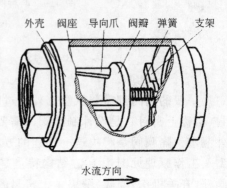

图 4.11 弹簧压紧式止回阀

目前常用的止回阀有两种类型,一种是弹簧压紧式,结构见图 4.11,优点是可以在管路上任意方向安装;另一类是利用重力的升降式和旋启式,结构简单,一般需要水平安装。安装止回阀时需要特别注意安装的方向,水流方向一定要与阀体外侧标识的箭头方向一致。内螺纹升降式和旋启式止回阀见图 4.12。

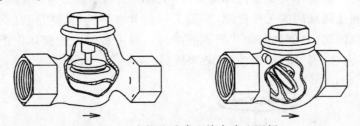

图 4.12 内螺纹升降和旋启式止回阀

4.7 过滤器

在水的长距离输送过程中难免混入杂质,另外给水器具样式越来越多,结构也会越复杂,对水质也有了更高的要求,一个小沙粒就可以使阀损坏漏水。现在设计比较考究的给水器具,在入水口处就加装了保护滤网,但这种滤网起的作用有限,且不好清理,因此在进户管路上安装过滤器就很有必要,尤其在新建的居住区管路上就更有必要。对过滤器的要求是：有效、便于清理、对水的阻力小。现在有一种过滤器体采用橡胶制造，可以减少水管的振动及噪声，可以起到双重作用。最常用的是一种"Y"形过滤器，结构见图 4.13。

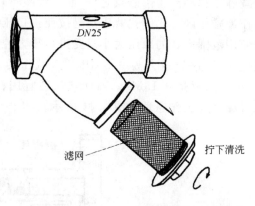

图 4.13 "Y"形过滤器

选择过滤器除了口径以外，还要选好滤网的目数，即滤网的疏密。目数是指在一厘米的长度上的孔数（过去曾使用一英寸为单位），目数越大，滤网越细，细微的杂质也能过滤去除，但对水的阻力也大。为了克服这一缺点，要把滤网面积做的大一些，滤网大了刚性不好，过滤器易受到水的冲击损坏造成内部漏水，这时要再做一个目数小刚性强的网把细网撑起来，这就是较精密的过滤器做成双层网的原因。在给水支管上经常使用 40~80 目的过滤器，双层网的过滤器，细网应该放在进水的一侧，每次清理滤网后安装前应该打开阀门冲洗一下管路，再将滤网对正进水口装好。

4.8 减压阀

一般用水器具只能在一定的给水压力下正常工作，压力过高除了会损坏用水器具、减少产品使用寿命外，还会增加流出的水量，不仅不利于节约用水，有时还会产生噪声。由于给水管网范围的扩大，输送水管的延长以及因为楼房的兴建而产生的高度差异，都会采用提高给水始端压力的方法，保障最不利供水点（最远处、最高点）能够得到充足的给水，这样就会有大量的供水区域是高压给水的。为了使给水器具能在合适的供水压力下工作，就应该进行局部减压，减压阀就是能够完成减压工作的阀门。普通阀门也可以起到减压作用，但只能减少动压不能减低静压，有时减压效果也不稳定，如用水量大时压力减的多，有可能影响到用户的用水，用水量较少时压力减得少，不用水就不减，因此这种方法不能完全克服高压带来的危害，只能是有所改善。而且长期用普通阀门作减压，易损坏阀门，当需要关闭时，可能会漏水。有时为了不损伤阀门或防止无关人员调节阀门，采用安装孔板的方法减压，其效果和调节阀门减压差不多。

要想达到减压的目的，尤其是在支管线上，要服务于多个给水器具时，就应该安装专用的减压阀，减压阀区别于孔板或普通阀门，它可以基本保持阀后的压力稳定，在流量发生变化时可以自动调节阀口的开度。专用减压阀也有只能减动压不能减静压和动静压都能减之分,前者性能不好,减压阀还分为比例式减压阀和直接动作型减压阀。比例式减压阀是按照进口压力的大小、按设计的一定比例减压的,在使用范围内它的减压大小只受进口压力控制,不可以调整,例如2比1的比例式减压阀,当进口压力为 0.5MPa 时,减压后就是 0.25MPa,进口压力为 0.3MPa 时,减压后就是 0.15MPa,因此它只适宜用在压力比较稳定的管路上。典型的比例式减压阀工作原理如图 4.14 所示。

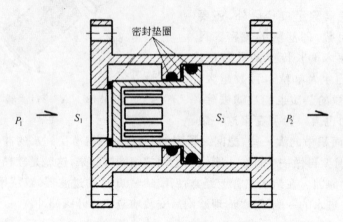

图 4.14 比例式减压阀工作原理

图中 P_1 为进口压力,P_2 为出口压力,S_1 为进口受力面,S_2 为出口受力面。S_2 的面积大于 S_1 的面积,每个面上的受力分别是 $P_1 \times S_1$,$P_2 \times S_2$,并且

$$P_1 \times S_1 = P_2 \times S_2;\ P_2 = P_1 \frac{S_1}{S_2}$$

这就是该阀减压的定理:当 $P_1 \times S_1 \neq P_2 \times S_2$ 时,阀瓣就会移动,直到平衡为止,S_1 与 S_2 面积的比值就是该阀减压的比例。

直接动作型减压阀的使用效果较好,它可以根据事先设定的压力减压,当用水端停止用水时,它也可以控制住被减压的管内水压不升高,这就是减静压的作用。直接动作型减压阀的工作原理参见图 4.15。

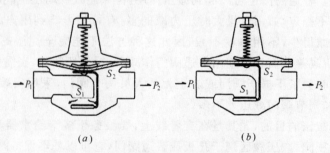

图 4.15 直接动作型减压阀的工作原理

图中 S_2 为膜片受力面积，S_1 为阀瓣受力面积，P_1 为进口压力（高压），P_2 为出口压力（低压）。图中(a)当减压阀启动时 P_2 为零，由于 P_1 的作用阀瓣打开，P_2 会逐步升高，它会作用到 S_2 上，由于 S_2 比 S_1 的面积大，受的力就大，促使阀瓣向上关小，增加了流过的阻力，使 P_2 维持在一个设定的压力上，通过调节膜片上的平衡弹簧可以进行压力设定。图中(b)是减压阀静止时的情况，当停止用水时，就没有了压力损失，P_2 会继续上升，很快就将阀关闭了，P_1 也不能再传递到后面，这样，阀后保持了较低的压力。

第5章 水 龙 头

水龙头又称水嘴,与人们的生活密切相关,在我国技术标准中称水龙头为"水嘴"。在我国普通(通用型)螺旋升降式铸铁水龙头已经使用了几十年,现在随着国民经济的发展,生活水平的提高和节约用水的要求,逐步被外形美观、不易腐蚀、耐用的铜材制造专用型(节水产品)、双控调温型的水龙头所取代。

近年来大量引进许多先进国家的产品,同时我国的科技人员也研制开发了许多新产品,使得我国的水龙头产品数量、质量和品种都有了长足的发展。基本达到了国际同期的水平,形成了多种型式并存的局面。我国生产的水龙头也不断出口到欧洲等国家,国际上的一些著名品牌也在我国设厂生产。水龙头的分类见表5.1。

水龙头(水嘴)的分类　　　　　　　　　　　表 5.1

类型	普通(冷)水龙头、热水龙头、直饮水水龙头、混合水龙头、浴盆水龙头、淋浴水龙头、洗衣机水龙头、旋转出水口水龙头、手持可伸缩式水龙头(洗涤盆用)、自动水龙头、自动收费(插卡)水龙头以及净身器水龙头
密封结构	旋塞式、螺旋升降式、陶瓷片密封式、空心球式、轴筒式、小孔先导式、电磁直提式、电机旋转式
材质	结构件材料有:灰铸铁、可锻铸铁、铜合金(黄铜)、锌基合金(制造把手、装饰罩等)、不锈钢、工程塑料(ABS、聚乙烯、尼龙) 密封件的材料有:无害橡(塑)胶、聚四氟乙烯、陶瓷片等
表面处理	防锈漆、冷(化学镀)镀锌、喷塑、热浸锌、镀铬(包括镀铜、镀镍)、镀钛以及镀金
规格和安装	口径:DN15(英制 4′、螺纹的外径大约是21mm)、DN20(英制 6′)、DN25(英制 1″)和DN10(英制 3′) 冷、热水联体阀的挡距分为:100mm(英制 4″)、150mm(英制 6″);200mm(英制 8″) 安装方向:水平直接、垂直向下(台面)连接。 与给水管的连接:厚壁金属管连接、薄壁金属管连接、塑料管连接、软管连接 固定:利用水管固定、自身固定
控制方式	直接手控(分为单柄单控、单柄双控)、肘控、脚(踏)控、非接触控制(利用红外线传感器和电动阀门)、自动延时关闭、自动限制流量、无水关闭、自动恒温、插卡(收费)

国家标准要求用于城镇自来水管网的水龙头耐压不得低于 0.6MPa,产品检测时的压力应该是使用压力的 1.5 倍,即 0.9MPa,用陶瓷等脆性材料作密封件的

水龙头应注意水击产生的危害，标准中将优等品的耐压强度提高到 2.5MPa。

在一定范围内，水龙头的供水能力受管网给水压力的制约，水龙头的流量是指在规定的动压下，必须达到的最低供水能力，近年来考虑到节约用水的要求，新编制的一些标准(规范)中对超过规定压力时水龙头的最高供水量提出了限制。现行的给排水规范主要考虑管网末梢最不利给水点的用水，对不同类型的水龙头都有详细明确的要求，"陶瓷片密封水嘴"标准是参考欧洲标准制定的，规定压力为 0.3MPa 时，一般水龙头出水量不少于 0.20 L/s；浴盆(缸)水龙头出水量不少于 0.33L/s。在我国城镇尤其是大城市给水管网范围特别大，同一管网的压力高、低悬殊，部分地区因给水压力较低会发生供水不足的问题。

水龙头的寿命主要是指密封的使用寿命，相关标准中规定陶瓷密封水龙头全程开关不少于二十万次；螺旋升降式水龙头十万次；电控阀五万次。通过实际使用检验，不同工作原理的水龙头各有优缺点。如果采用较好材料，认真加工及严格的出厂检验，在水质洁净，正常使用的情况下，寿命一般都可以达到 3~5 年，有的使用的年限可以更长。

根据经验水龙头产品的价格受到以下一些因素的影响：品牌、新颖时尚的外观、表面及内在的加工质量、符合人体工程学的舒适使用性能、耐用性、材质以及同一型号产品加工(销售)批量的多少等。经常使用的水龙头价格大约在十几元(普通单柄单温陶瓷片密封水龙头)到近千元(冷热水混合的国际知名品牌)之间。同一功能的产品价格大约有 10 倍的差距。

水龙头是一种最大众化的产品，在选用时应该注意以下几个问题：

(1) 在设计选择和使用水龙头时应该首先考虑它的使用环境，固定的个人使用者选用一般的手动水龙头，公共场所有条件时应该考虑选用自动水龙头，为了避免交叉感染应该选用非接触式水龙头。

(2) 现在水资源短缺，选择节水型的产品也很重要，所谓节水龙头应该是有使用针对性的，只要在当地的管网压力下，保障最基本的使用流量(例如洗手盆用 0.05L/s、洗涤盆用 0.1 L/s、淋浴用 0.15 L/s)；能够自动减少无用水的消耗(例如加装充气口，防飞溅；洗手用喷雾方式，提高水的利用率)；耐用不易损坏(有的产品能做到 60 万次开关无故障)的水龙头。

(3) 当地管网的给水压力过高(例如超过 0.3MPa)，应该考虑在水龙头前面的管线上采取减压措施，加装减压阀、安装自动限流器或孔板等等。

(4) 经常发生停水的地区应选用停水自闭阀。

(5) 公共场所洗面盆宜安装延时、定量或定时自闭阀。

(6) 选择结构适用的水龙头，不同结构的水龙头各有优缺点，后几节还将专门予以介绍。

(7) 应该选用绿色环保材料制造的水龙头，除了一些密封的零件材料要选用无害的材料(曾经使用的石棉、有害的橡胶、含铅的油漆等都应该淘汰)外,现在大多数制造水龙头阀体的材料选用的是杂黄铜,有的含铅量严重超标,应该引起足够的重视。制造水龙头阀体,应该选择不含铅的青铜或低铅黄铜,现在还可以通过洗铅的方法,也可以达到除铅的目的。

(8) 为了防止铁管腐蚀以及对水的污染,现在不断推广使用新型管材,这些推广的管材基本分为两类:一类是非金属材料(塑料管、复合管等),另一类是薄壁的金属管(不锈钢、紫铜管等),它们的刚性与过去使用的钢铁管(镀锌管)不同,因此给非自身固定式水龙头的安装带来一些不便,在选用时除了注意尺寸及方向合用以外还应该在固定水龙头的方法上给以足够重视,否则会因为经常搬动水龙头手柄,造成水龙头和水管接口的松动。

维修更换水龙头的确是一项专业工作,但并不是很难的事情,只要肯动手,稍有一点常识的人都可以掌握,它不但方便了自己的生活,更重要的是提高人们的节约用水的意识,可以自己动手及时解决水龙头的跑冒滴漏问题,据1996年统计,就连美国也有一半的家庭是自己动手解决这些问题的。而在我国许许多多家庭遇到此类问题却束手无策,目前国际上提倡DIY,也就是自己动手通过更换水龙头从中学到很多知识。

下面就介绍一下如何更换一只损坏的水龙头,希望通过这一介绍我们也能学会自己更换检修一只损坏的水龙头:

(1) 装水龙头的条件:首先是要切断水源;要准备一段(约0.4~0.8m)密封带(聚四氟乙烯生料带,水暖五金店有买);准备一把250~300mm的扳手;一般的陶瓷片水龙头接口都是15mm的,如果与水管尺寸不一致,则要通过"补芯"或变径管箍(水暖五金店有买)变为15mm(实际外径约21mm)。

(2) 拆除旧的漏水水龙头:一般情况下,用搬手钳紧水龙头的六方处逆时针旋转即可拆下,个别情况遇到锈蚀严重的劣质水龙头会将螺纹断裂在管箍当中,这时最简单的办法是更换一个新的管箍。如果原来是非15mm水龙头,水量过大时需要减少出水量,可以用补芯或变径管箍变为15mm的口径后,再安装节水水龙头。

(3) 安装新的水龙头:首先用密封带缠紧在水龙头螺纹上,特别要注意缠绕的方向,面对水龙头进水口顺时针缠绕,缠好后再用手握牢,用力旋紧,使密封带紧实贴在螺纹上,并清除挡在进水口的多余密封带,然后顺时针方向用手将水龙头旋进给水管的阴螺纹中,直到用力拧不动为止,并用扳手调整水龙头出水口向下,调整时只可顺时针转不可反转,转不动用扳手协助。

(4) 节水水龙头的使用:安装后管路难免进入杂质,第一次使用时一定要完全打开,使水畅通流出,有出水口附件的(过滤网、加气帽、整流罩、防溅器、泡沫器等)的,要旋下来,直到水中没有任何杂质为止。以后的使用中逐渐发现出水减少,可以旋下附件清洗,第一次旋上附件即感到出水过少时,说明当地水压低,也可以不用出水口附件。

（5）如果需要调整搬把的方向或位置，可以用一个尖锐工具挑开水龙头上面的商标小盖，旋下固定螺丝，即可拿下搬把，按需要的位置重新安装好即可。一般出厂产品规律是搬把与水管横向为开，顺向为关；使用时最好调整为与水管横向为关，顺向为开。

（6）需要大流量给水的地方，例如食堂大锅灶前，墩布池子，必要的冲刷用水等不宜使用流量过小的"节水水龙头"。

下面具体介绍一些常用的水龙头，使大家对这些水龙头的结构、使用条件、注意事项有所了解。

5.1 热水龙头（旋塞）

按照旋塞阀的结构，外壳做成便于放水的水龙头状，就成为常用的热水龙头，图 5.1。主要用于保温水桶、茶炉、各类开水器等场合，玻璃管液位计使用的阀门也是旋塞阀。它们的构造及特点见上一节旋塞阀。

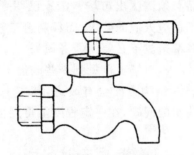

图 5.1 热水龙头（旋塞式）

5.2 螺旋升降式水龙头

螺旋升降式水龙头，见图 5.2，是我们多年来使用最广泛的一种给水器具，它的结构很像截止阀，好的材质，精细加工，尤其是密封垫圈（俗称皮钱）要用无毒耐磨橡胶，阀杆要用黄铜材质，阀口及螺旋副要经过细致的加工，光滑圆顺没有毛刺，就可以保证它的使用寿命。螺旋升降式结构简单容易修理；阀瓣可自动回座，防止逆流，保护管网安全免受污染；在北方的冬季使用可以轻微抗冻，尤其是可以做成较大流量的多种规格的产品，开关时容易控制水量，不易发生水击等，都是优于别样水龙头的。

早期制造的螺旋升降式水龙头，都是采用铸铁阀体的产品，由于铁锈污染水质

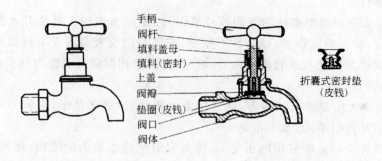

图 5.2 螺旋升降式水龙头及内部结构

造成感官不好，以及加工工艺落后，尤其是大量的低价劣质产品长期占据市场，在人们心目中形成了很不好的印象。这些劣质产品，不耐用，采用冷镀锌或涂漆代替热浸锌，使其耐腐蚀性能下降；尤其是阀口加工从外面检查不到，粗糙、毛刺多；垫片（皮钱）采用再生胶制造，耐磨性极差，很快磨损后就开使漏水；为了节省铜材，阀杆的螺旋付只有一扣螺纹，经不住长期使用，很快就会"撸扣"损坏，上密封采用有污染的石棉绳，这样的产品必须淘汰出市场。国家已明令淘汰螺旋升降式铸铁水龙头，不仅是因为它外观不适应人们的要求，而且制造工艺落后，产品合格率低，使用寿命短，给国家和消费者都造成不必要的经济损失。

随着节水工作的不断深入，市场上也见到一些改进了的螺旋升降式水龙头，除了使用的材料不断改进以外，结构方面也有改进，其中一种产品将皮钱改为折囊式，较好地解决了上密封漏水的问题，在一定程度上得到了用户的认可。

5.3 陶瓷片密封水龙头

陶瓷片密封水龙头，因为它外形美观、开关方便快捷、节水效果明显和价格贴近百姓，是近几年替代劣质螺旋升降式铸铁水龙头大力推荐使用的一种产品。它分为单柄单控和单柄双控两种，结构比螺旋升降式水龙头稍微复杂一些，按照使用要求不同，可以做成多种不同形式，但它的内部阀芯就是两种。其中最常见的普通水龙头、单柄调温水龙头、洗菜盆（旋转出水口）调温水龙头的外形见图 5.3。

陶瓷片密封水龙头的核心是一对做相对旋转（单柄单控）和平移（单柄双控）运动开有孔洞的精磨瓷片，由于加工比较精细，各部分尺寸要求也很高，一般都是组装成阀芯，作为水龙头的一个配件在市场上销售，如果水龙头有损坏，发生漏水，只需要换上一个同型号的阀芯就可以了，既简单又经济。陶瓷片密封水龙头阀芯的构造参见图 5.4。陶瓷片密封水龙头手柄做 90°旋转（单控阀）或抬压操作（双控阀）即可达到快速开关的目的，双控阀做旋转操作时还可以进行调温。这种阀门另

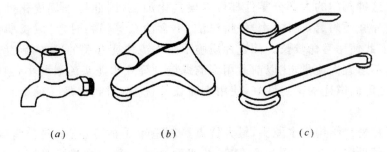

图 5.3 陶瓷片密封水龙头
(a)单柄单控陶瓷芯水龙头；(b)单柄双控陶瓷芯水龙头；(c)单柄调温旋转出水口水龙头

一个防漏的技术关键是瓷片与阀体之间的密封,该密封必须能够长期抵紧瓷片,不变形,保持一定弹性,不漏水,这需要合理的设计、好的材料、细致的加工,目前采用硅橡胶材料制作带有支撑环的"唇"型垫圈、就是一种较好的部件,这种垫圈可以充分利用给水的压力自行抵紧,就可以长期保持水龙头该部位不漏水,早期设计的水龙头,在该处采用一个平的橡胶垫,使用一段时间就会因为橡胶老化回弹不够,抵不紧瓷片而产生漏水。

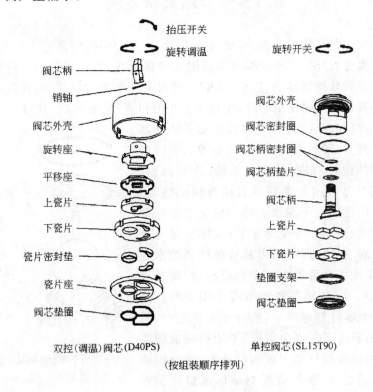

图 5.4 陶瓷片密封水龙头阀芯的组成

现在这种阀门的大部分零件都可以模具化加工,因此易于规模化批量生产制造。陶瓷片坚硬耐磨,流体(水)保持清洁,不含沙粒等污物时,可以长期保持密封不漏水,因此使用寿命较长。陶瓷片质脆不耐水流快速开关的冲击,因此这种结构的水龙头不适宜大流量,比以前通用型的螺旋升降式水龙头流量要小,但能够快速关闭,加之前面讲述的密封性好,使用寿命长等优点,因此它是一种相对节水型的产品。

陶瓷片密封结构的水龙头,最大优点是制造单手柄冷、热水混合调温水龙头,典型的样子见图 5.3(b)、(c),它有冷、热水两个进口和一个调好温的出水口,通过手柄控制上面的一片使其和下面的一片做相对滑动和旋转,改变三孔的相对位置,达到开关调节水量,改变冷热水混合比例的目的,使用起来方便舒适。而且具有温度"记忆"功能,即第一次调好温度后,以后再开关只需要抬、压手柄不必再左右旋转调节水温,即和原来的水温保持一致(当然这需要供应的冷、热水温度、压力要保持相对稳定)。该水龙头在欧洲、日本较早应用,我国由于家庭热水源的普及(各类热水及热水器的使用),该水龙头也开始大量进入市场。

5.4 空心球式水龙头

空心球式水龙头的核心部分,是由加工了 2~3 个小孔的薄壁不锈钢空心球、特制的自润滑橡胶"M"型密封圈和不锈钢丝弹簧组成,空心球借助手柄可在一个三角形的圆弧区域里做转动,三组(单柄冷热水调温水龙头)一样的弹簧顶压"M"型密封圈使其抵紧不锈钢空心球,并与 3 个孔道相通,见图 5.5。这 3 个孔道分别是冷、热水进口和混合的温水出口,搬动手柄使其孔位置相对改变,即可以达到开启、关闭和调温的目的。简洁的设计、最少的密封结构、优质材料、精细加工以及具有密封磨损后自动补偿的特点,可使阀门长期使用而不漏水。将不锈钢空心球简化成一个片状,只加工一个月牙型(实际更像一个弯曲的长水滴)孔道,即可以做成普通的单温水龙头,此时开关水龙头可做 180°平面旋转,较陶瓷片密封的水龙头 90°旋转开关调节得更细一些。这种水龙头每个零件都很简单,适合专业化生产,另外,该阀门的制造工艺也很考究,不用传统的铸造方法,而是用铜棒型材加工成阀的核心,在外面罩上一个精致的外壳,从外观看与单柄调温铸铜水龙头相近,但它的外壳并不与水路铸在一起,这样

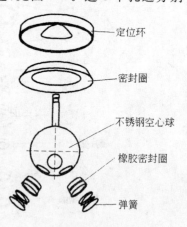

注:图中少画一组弹簧和密封圈。
图 5.5 空心球式水龙头的密封结构

热水的热量不易传出，阀体表面温度不会太高，可以有效的防止人手误触烫伤的弊病。

5.5 轴筒式水龙头

轴筒式水龙头的核心是由一组轴和筒组成的阀芯，筒上开有冷、热两个进水口，一个混合水出水口，轴上镶有密封的沟槽，左右旋转控制冷热水的配比，上下推拉控制出水量，完成单柄调温开关的目的。生产厂家把配合精度要求高，结构比较复杂的轴筒阀芯作为一个完整的部件，提供给用户，因此修理、组装也还方便。

图 5.6 绘出的是上述阀芯的式样。

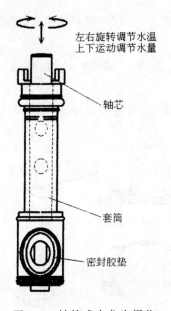

图 5.6 轴筒式水龙头阀芯

5.6 肘开关式水龙头

在一些特定场合如医院的手术室，为了避免交叉污染，不希望直接用手开关水龙头。于是生产出了不用手直接开关的水龙头，现在使用较多的是手臂（肘）式开关水龙头，这种水龙头将开关的手柄做得很长，或是没有手柄把出水管加长当手柄，见图 5.7。开关时不需用手去搬动和旋转，而是用肘、手腕或手里的其他用具操作，90°开、关，适用于用手操作不便的医务及厨房等部门，由于操作方便也可以起到一定的节水作用。这种阀柄很长，必须顺其开关方向施力，不可以反向硬掰，否则容易损坏。不宜在公共场所使用。

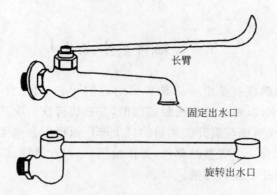

图 5.7 手臂(肘)式开关式水龙头

5.7 脚踏式水龙头

脚踏式水龙头又称脚踏阀,它是为了避免用手操作交叉污染,以及用脚踏控制

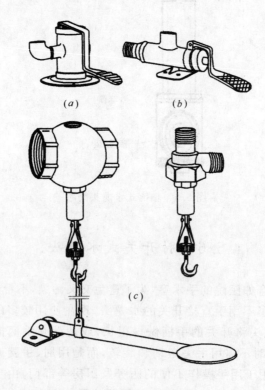

图 5.8 几种脚踏阀门

的,非常方便的开关,起初多用于医院、列车、轮船等公共场所,控制灵活,人踩就出水,人离水自停。我国在20世纪80年代中期将脚踏阀用于公共淋浴室的喷头控制,有着非常明显的节水、节能作用,因此得到推广使用。

由于这种阀依附于墙壁和地面安装,用脚开关,难免脚踏力量过重,开始对安装及固定没有给予足够的重视,加之早期的产品受到设计和选材的制约,阀杆的漏水(上密封)问题一直没有解决好,阀杆处的漏水进而腐蚀了弹簧,影响了在使用者中的信誉,经过不断地改进,现在使用的较好的产品是隔膜式脚踏阀,该阀的密封核心是一个碟形或折囊式的柔性隔膜,隔膜本身也是密封垫,将水与关闭阀门的弹簧、阀杆等隔开,又选择用不锈的材质制造了弹簧和阀杆,为了增加隔膜的耐用性,采用了加丝优质橡胶,大大延长了阀门的使用寿命。现在使用的几种式样见图5.8。

5.8 停水自闭式水龙头

某些地方供水设施不够完善,或水源紧缺不能保障全天供水,打开水龙头发现没水,也没有关严,人就离开了,当再次给水时,这个水龙头的水就白白浪费了,这是特别不应该发生的事情。停水自闭式水龙头就是为了克服这一弊端生产的一种产品。在给水管没有水时(没有水压力)这种阀通过重力(重锤)或弹簧力使水龙头自行回到关闭位置,再次来水不会自流,起到防止浪费水的作用。

停水自闭式水龙头的结构一般都是顺水流密封式,工作原理是利用水压给阀瓣一个力,这个力会使阀瓣与阀座之间产生摩擦力,该摩擦力可以克服重力(重锤)或弹簧力,使阀处于应在的位置上(开或关以及中间位置),保证阀的应有功能,一旦没了水的压力,阀瓣就会在重力(重锤)或弹簧力的作用下恢复到关闭状态,这种阀门在经常停水的地区使用具有一定的节水作用,多年来已经开发了多种式样的产品,但都还没有得到广泛的使用,比较有代表性的产品见图5.9。

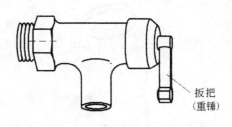

图5.9 重锤式停水自闭式水龙头

5.9 延时自闭水龙头

延时自闭水龙头是利用小孔先导阀的工作原理制造的水龙头,只需要使用人按压一次阀钮(也可以是旋转),水龙头定时(定量)流水后自行关闭,特别方便公共场所使用。这种水龙头还可以细分为两种,一种早期的产品是手一按钮,水龙头即开始流水,手抬开以后再延时数十秒(可调),水龙头自行关闭。另一种设计的更为完善的盥洗水龙头,见图 5.10,用手按压水龙头时并不出水,手离开后开始出水,然后延时自闭,非常适合公共场所洗手用,既方便、卫生,又符合节水要求,但这类阀的弱点是,密封环节多,水中不能含固体颗粒状杂质,否则容易损坏密封面或堵塞小孔而漏水,水龙头前最好安装能够随时清洗的大目数过滤网。

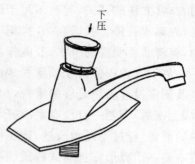

图 5.10 延时自闭式盥洗水龙头

5.10 水龙头的节水措施

过去主要使用的是螺旋升降式水龙头,不分场合,水龙头都用一种通用的产品,确定额定流量时要考虑用水量较大的场合,还必须考虑管网末端最低给水压力时能满足充足的给水量,结果大多数用户都是在超压超量的用水,造成不必要的浪费。解决这一问题最简易的方法是在普通螺旋升降式水龙头上将普通密封皮钱更换为节水皮钱,这种方法简易可行,是借鉴日本的经验。见图 5.11。

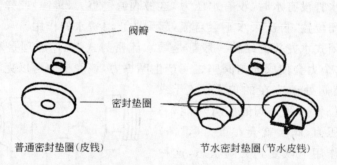

图 5.11 普通密封垫圈(皮钱)与节水密封垫圈(节水皮钱)

根据日本工业标准(JIS B2061)装节水皮钱的水龙头与未装节水皮钱的普通水龙头的开度与流量曲线如图 5.12 所示。

从图可以看出,水龙头加装节水皮钱以后,在开启的初期(180 度内)水流量受到很大的限制,一般只有不加节水皮钱的 30%～50%,这一区域是人们使用最多的范围,因此节水。当水龙头逐渐开大,为了不影响向容器内放水,水龙头的出水量又与未装节水皮钱的水龙头接近了。

目前一些地区推广使用的普通陶瓷片密封水龙头设计的流量比较小,相对节水,比较适合家庭的洗脸盆、洗菜盆及公共盥洗室使用。在某些大用水量的场合也

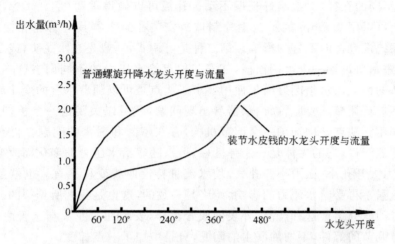

图 5.12 装节水皮钱和普通水龙头的流量与开度的关系曲线

要注意给水压力低,出水量不足的问题。

有的一些厂家专门为水龙头生产一种限流配件,装上这种配件的水龙头,出水量不受或少受给水压力的影响,可以避免因水压高引起过大流量水的浪费见图5.13。

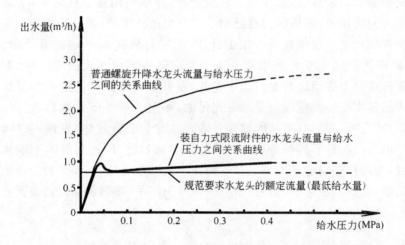

图 5.13 装自力式限流附件和普通水龙头给水压力与流量关系曲线

这种限流量配件大致有三种形式,一种是固定式,在原给水器具(水龙头、淋浴喷头等)的流道里增加一个孔板(塞),可以压低水流量特性曲线,从而减少了水的流出量。但它有个缺点,就是水压低时也会阻碍一部分流量,可能会影响使用功能,因此只适宜安装在给水压力较高并且压力相对比较稳定的地方。根据压力不同，选择不同的孔径，一次装好长期不动。孔板可以做得很薄（例如 $DN15$、$DN20$ 的器具上可以用 0.5mm 的不锈钢片制造），安装在给水器具与管路相接的地方，对给水系统没有任何不好的影响。第二种是可调式，一般是在水龙头（或是其他给水器具）进水口设计一个可调挡板，随安装地点给水压力的不同调节这一个挡板，使水龙头的最大出水量刚好满足使用要求。优点是可以随着水压的变化或使用的变化重新进行调整，遇到后面给水器具出现问题，就可以关闭这一挡板，起到临时应急的作用。缺点是增加了一个调节机构，存在密封和漏水的问题。再有一种是自力式限流配件，它的主体是一个弹性件，可以随着给水压力的变化而改变开孔的尺寸，压力大开孔小，压力小开孔大，使水流量特性曲线变得平直。也就是说给水器具的流量不再受给水压力的影响，始终是一致的，这也是我们所希望的。国外有的厂家专门研究生产这种产品，外表做成管箍样，安装在水龙头与水管之间，管子外面没有调节的部件，不增加漏水的问题，只是增加了一点长度。

用水管理先进的国家里，不同场所采用不同出水量的水龙头，例如新加坡水道局规定：公共盥洗用 $3\sim4L/min$，洗菜盆用 $6L/min$，冲凉、淋浴用 $9L/min$。在台湾省还有一种喷雾型的洗手水龙头，只有 $1L/min$ 的流量，经试用效果还不错（要求给水压力在 0.08MPa 以上），这样的出水量只有普通水龙头的 10%～20%，非常节水。

特别要提到的一点是，水龙头是机械产品，长期使用是会损坏的，水龙头的使用又与生活密切相关，应该提倡自己动手学习更换与维护，据介绍在美国家庭自己动手维护安装水龙头已很普遍。据统计 1993 年时只有 30% 的家庭能做维修，而到了 1996 年上升到 55%。所以水龙头专卖店就带卖水龙头的零配件，在当地大型的国际博展会上甚至还有专门卖水龙头、便器水箱零配件的商家参加展出。一种好的产品其零配件供应应该是非常充足的，小至 2～3mm 的螺钉，应有尽有，加工精致，包装完美。例如，某品牌螺旋升降式水龙头的密封垫（皮钱）备件包中，除了有本厂出品的各种不同型号产品所用的多个密封垫外，还附带两个检修时易丢的小螺钉，为用户想得非常周到。日本的许多大城市从 1984 年开始为市民无偿分发节水陀螺（皮钱），在包装内还付带有一个专用搬手，提倡各家自己领回去安装。

第6章 自动给水阀

随着人们节水意识的提高,不断对给水器具进行深入研究,出现了各种各样的自动或半自动控制的给水器具,这类阀门使用方便,可靠,能有效地节约用水,尤其在各种公共场所使用更能发挥其优点。鉴于该类阀门技术含量高,要综合多科技术,结构复杂,对它的安装维护工作提出了较高的要求,但这一类产品随着材料与制造技术的快速发展,提高的也非常快,质量和出色的性能(尤其智能化技术的介入)以及不断降低的价格已得到用户的认可,相信今后这些产品会不断取代落后的产品。

6.1 浮球阀

浮球阀是最早使用的机械式(自力式)自动控制阀门,使用较多的一种产品见图6.1,主要用于向容器(例如:楼房的高位水箱,储水池,冲便器的水箱等)内补水,亏水自动开,水满自动关。这种阀门的工作原理是利用一个空心的浮球,受水的作用上浮,并通过杠杆施力压紧阀瓣抵紧在阀口上,使阀门关严,水位下降时,浮球也下降,阀门打开放水,直到水满,浮球的浮力再次把阀门关紧。这种浮球阀是将浮力通过杠杆直接作用在阀瓣上,因此称为直接作用式浮球阀。给水压力的高低、阀座口径的大小(注意不是阀的出水口大小)决定阀的浮球大小,小球浮力小,关不紧阀门就会漏水。人们也想到了加长杠杆力臂的方法提高关紧阀的力量,但要占用很大的空间,这有时是很不方便的。尤其是大口径的阀或给水压力较高时要施加很大的力才能将阀门关严,小口径($DN15$)阀的浮球直径大约80mm;大阀($DN50$以上)的浮球直径要做到500mm,有的还要用两个浮球同时工作。为了克

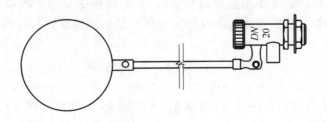

图6.1 浮球阀

服这一缺点,某些产品采用了先导式工作原理,可以用很小的浮球控制大口径阀的开关。

浮球阀大大减轻了操作工人的劳动强度,工作可靠,不易跑水,起到一定节水作用。

近些年来先导式工作原理在给水阀门中得到了广泛的应用,先后开发生产出了前面所介绍的小孔先导浮球阀,延时自闭洗手水龙头,和后面将要介绍的大、小便器延时自闭冲洗阀、先导式电磁阀等。该阀虽然结构较一般阀门复杂,但设计巧妙,密封方式不同于一般阀门,它是利用水压自封,水压力越大封闭得越严紧,密封件受力均匀合理,能方便地实现一次操作达到开、关、定量(延时)放水的目的。且控制开阀的力小,根据需要,很易做成瞬开瞬关或延时自闭的方式,比较符合节水的要求。这类阀的弱点是给水压力过低(例如:小于 0.02MPa)会因自封无力有可能漏水,也有加弹簧克服这一缺点的产品,另外给水压力较高(例如大于 0.3MPa)阀门口径较大时容易发生水击(水锤)现象,不过我们使用的大部分环境,都是在它的可靠工作范围以内。

小孔先导式阀的基本工作原理如图 6.2 所示。

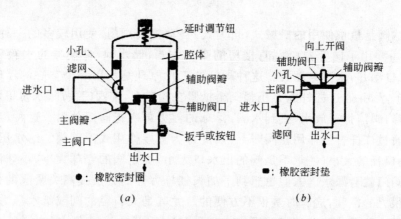

图 6.2 小孔先导式阀门工作原理示意图

图中的(a)样阀,主要用于便器冲洗阀。(b)样阀主要用于水箱自动补水阀和电磁阀洗手阀等。改变腔体与小孔的大小可以达到调整延时长短的目的。

6.2 便器冲洗阀

冲洗阀(便器延时自闭冲洗阀)早在 20 世纪 70 年代就得到了广泛的使用,是除了浮球阀以外使用最早、也是最多的一种自动阀门,它具有安装简洁、使用方便、卫生、价格较低、节水效果明显等优点。

冲洗阀分大便器冲洗阀和小便斗冲洗阀,两者工作原理相同,只是结构尺寸大小和开关钮的方式有区别。这是一款利用先导式工作原理的产品,一种比较典型的大便器冲洗阀见图 6.3 左图,口径 $DN25$,为了与 $DN20$ 的水管相连,还可以选用 $DN20$ 的接口,给水压足够高的情况下(0.08MPa 以上),可以保障大便器瞬时冲水的需要,用来代替水箱及配件,使用效果很好。经过二十年的使用和不断发展改进,目前该产品已经比较完善,它一般由分别冠以 A、B、C 件的三个部分组成。A 是阀门本身,也是主要的控制部分,B 是进水节流控制阀,C 是防污器,可以合在一块用也可以分开选用,产品的型号中也是分别用 A、B、C 标识的。

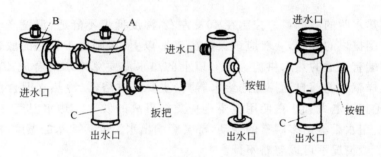

图 6.3 延时自闭式冲洗阀

A 件是该阀的主要部分,它的工作原理是,利用活塞式的阀瓣封主阀口,阀瓣的另一侧是一个空腔,阀瓣的侧面与给水相通,且设有一个防砂堵的微孔(最新的做法是在腔壁上刻一凹痕,加工简单效果好)将有压水导入空腔,这样阀瓣就可以封住出水了。开阀时只需要将腔里的水迅速排放,有压水通过小孔来不及补充,阀瓣两侧形成压差就被托起,阀就打开了,当腔体内通过微孔缓慢充满有压的水以后,阀门就自动关闭了。为了能排放腔体里的水,该阀又设了一个辅助阀口(阀门),平时需要操作的就是这个辅助阀门,用手柄拨开该辅助阀门,就将腔内水排放了。该阀还设计了一个调节腔体大小的机构,目的是控制一次排出时间(水量)的多少,阀顶部的螺丝就是这一机构,顺时针转减少排水时间(量),逆时针转增加排水时间(量)。

B 件是用于控制进水(节流)和关闭进水的,有了它及后面的锁母就可以非常方便的检修 A 阀;控制进入 A 的水压不致过高;另外由于采用了全脱离的活阀瓣,还可以起到防止下游水向管网倒流的辅助作用。

C 件是专门用于便器冲洗的附件,也称为真空破坏器,主要用于防止下游(便器)对给水管网的污染(倒流),它是在一个短截管上开有几个小孔,与外界相通,内部流道相应的位置上安装了一段薄膜橡胶管,橡胶管上游端固定,下游端自由敞开,当冲水时水流撑开橡胶管,将通气孔封闭,一旦停止冲水,空气就会由小孔进入管路,平衡了冲水管内的压力,便器的污水不会因给水管出现负压时沿管倒流(只有在便器发生堵塞时才有可能)。这从原理上讲水不会从通气孔外漏,但实际上冲洗开始时有向外冒水的现象,尤其是便器的冲水管不太畅通时,容易产生这种毛病,因此一般用户认为C件只在极其个别的情况下才起作用,带来的问题是系统不够畅通时,每次使用都要从通气孔少量漏水,不愿意安装,生产商就把C件列为选购件了。按照标准要求,为了保障管网的绝对卫生安全运行,是必须安装这一个附件的。图6.3还给出了另外两种式样的延时自闭式冲洗阀。

6.3 水温自动控制阀

使用热水时的温度最好控制在40℃左右,温度低了不舒适,温度高了烫人,而由热水管网提供的热水,一般应该保持在50℃以上,否则由于管路的散热,难以保证管网远端有合适的热水供应。50℃以上的热水需要兑冷水混合成40℃的温水使用。这样就对能够自动控温的给水器具(主要是淋浴器、冷热水混合水龙头)有了需求,尤其是老人和小孩使用更要避免烫伤事故的发生。热水温度、热水压力、冷水压力、用水量等诸多因素的变动,都会影响出水温度。冷水的温度波动也会有影响,但一般情况下可以忽略不计。

早在20多年前我国就制造了防烫的淋浴器,只是比较粗糙,仅能防烫,阀的内部设置了一个装有感温介质的膜盒,当水温超过一定温度时,膜盒迅速膨胀,堵住出水口,就可以防止热水流出,热水一旦停止流动,再经过自然降温散热膜盒又会缩回到原来的位置,继续通水了。这一结构比较简单,没有自动控温的功能,以后也没有再继续深入研究和发展。到了20世纪90年代,国际上流行的先进产品大量传入我国,其中就有能够自动控温的水龙头和淋浴器,这种阀门的功能还不是十分完善,控制的水量不大,只适宜供给单个水龙头或淋浴器使用。出水温度还要受到冷、热水给水压力波动的影响,还会发生波动。

如果要给多人使用的浴室或食堂等需要集中供应温水的地方,上面介绍的调温阀就不适用了。经过深入研究,为了更好地控制出水温度,较好的方案是把影响出水温度的五个量分两步控制,先解决冷、热水压力的不稳定问题。最简单方法是把冷热水分别放到两个等高的高位水箱之中,再由水箱取水按配比混合,这显然不是个好方法,热水会随时间推移而冷却,时间长了就难以配成合用的温水,水凉了或是放掉或是再次加热,系统复杂,还浪费了能源和水。如果能在冷热水管路之间安装自动调节稳定压力的阀门,使冷、热水水压的波动不再影响后面的水温调节,这就是压力平衡装置。现在开发了能自动限制混合水龙头输出水温度突变的产品,具有这样功能的水龙头,在冷、热水入口之间就是加装了柱塞式压力平衡器,当冷水管的水压因故降低时,热水管压力也会跟着降低,一路停水时另一路也会自动关闭,见图6.4。

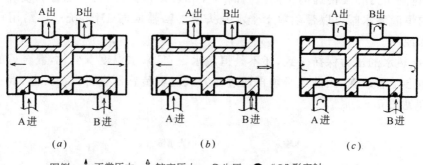

图例：↑正常压力；⇑较高压力；⌒失压；● "O"形密封

图 6.4 柱塞式压力平衡器工作原理示意图

该装置主要由外壳和柱塞两个零件组成，外壳上分别设有冷、热水进、出 4 个口，活塞与外壳要求配合良好，既能滑动又不泄漏水，活塞可控制 4 个口的开度，当冷、热水压力平衡时，图中(a)活塞处于中间位置，冷、热水均衡进入水龙头；当一路水源出现故障压力降低时，图中(b)活塞被另一路的水压推向低压的一边，结果是低压侧的进水口被进一步开大，高压侧进水口被关小，直到活塞两侧压力达到新的平衡，这样就保证了进入水龙头的冷、热水压力持续是均衡的；当其中一路断水时，图中(c)活塞被推到底，另一路进水口也会被活塞关闭，这样就可以防止烫伤或冷激的发生了。

柱塞式压力平衡器限于密封结构上的原因，口径不可能做大，因此只适宜用在小流量的场所，对于流量变化很大用水又很集中的集体浴室就不适用了，根据我国企事业单位设置集体淋浴室多的特点，我国科研人员另外开发了一种大型的隔膜式压力平衡器，它的工作原理见图 6.5。

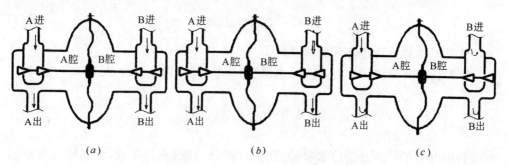

图例：↑正常压力；⇑较高压力；⌒失压。

图 6.5 隔膜式压力平衡器工作原理图
(a) $Pa=Pb$；(b) $Pa<Pb$；(c) $Pb=0$

隔膜式压力平衡器，较好地解决了柱塞式压力平衡器冷热水之间的窜水的难题,还达到压力相互传递的目的。阀的口径相应可以做得较大,配有隔膜式压力平衡器的恒温混水阀可以带动数十个水龙头或淋浴器同时工作,统一供给用户一致的温水使用。

冷、热水的压力保持一致,还不是恒温水,一旦来水温度有变化,混合后的温水必然也会随着改变,因此还必须再通过自力式温度传感器进行自动控温,混水恒温的原理见图 6.6。

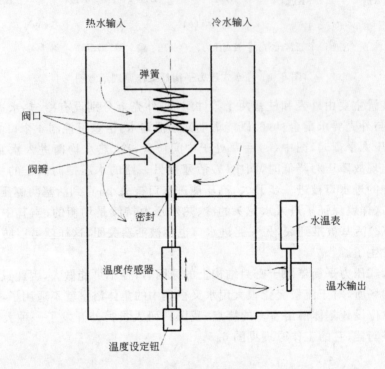

图 6.6 混水恒温原理图

就可以达到自动稳定调温的目的了。

目前比较普遍使用的自力式混水恒温(调节)阀有以下数种,见图 6.7。

6.4 电 控 阀

利用电能工作的自动给水器,一般由三部分组成:执行单元、控制电路和传感器。做执行单元的电控阀有两类,一种是电动(机)阀;另外是电磁阀。电动阀是通过电动机的旋转开关阀的,用这种阀开发的产品有自动水龙头和冷热水混合调节器,就像用人手旋转开关阀门一样,开关比较缓和,用于口径比较大的阀时效果好,可以减少瞬间开闭所造成的水击。但带来的问题是开关的力大,相应电机的功率

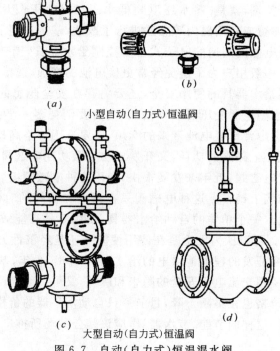

图 6.7 自动(自力式)恒温混水阀

也必须很大,或是对阀进行改造,设法减少密封面的摩擦力,这样的阀有可能导致泄漏,因此只能用于调节,不能用于关闭。国内数年前已经有该种产品,只是使用得较少,一般都是利用现有的球阀、蝶阀进行改造,调节质量不是很理想。经过改装该种电动阀结构较电磁阀复杂,容易发生故障,价格是电磁阀的数倍。小型($DN15;DN20$)电动阀具有较好的抗污能力,且价格不断下降,近两年也得到大量使用。

电磁阀是应用广泛的一种电动执行器,最简单的是直接作用普通电磁阀,它类似截止阀,但没有阀杆、螺旋副和手轮。一般使用的这种阀门是常闭型的,所谓常闭就是不通电时阀门靠弹簧力压紧阀瓣,关闭阀口,打开时利用电磁铁的吸合力克服弹簧力打开阀瓣,需要的作用力很大,电磁铁就必须做得很大,耗电量大,这是它的缺点,但它可以实现"零水压"封,这是最先使用的一种产品。

为了克服电磁铁大,耗电量大的弊病,利用先导式工作原理,开发了一种新电磁阀,它只需要控制一个很小的阀口,就可以利用水本身的压力打开或关闭整个阀门了,耗电要比直接作用普通电磁阀小了许多。最早这种电磁阀广泛地使用在全自动洗衣机上,塑料阀体,结构也比较简单,很容易进行工业化的批量生产,价格低廉,只有原来电磁阀价格的十几分之一,很快就被引用到一些需要自动开关的小型给水器具上面，至今很多电子式自动控制给水器具，还使用这种电磁阀。初期的这种电磁阀存在一个弊端，就是"零水压"（超低水压，0.02MPa以下）封闭不严的问题，以后通过加装弹簧或利用磁力等方法进行了改造，基本达到了使用的要求。

用先导式普通电磁阀制造的电子式自动控制给水器具，消耗的功率还是比较大，一般需要数瓦，一般用户为了避免经常更换电池的麻烦，选择交流供电的方式，为了保证自动控制给水器具的使用安全，还要将存在安全隐患的高压电降为安全电压使用，这样的小型电源变压器效率很低，本身消耗多一半的电能，如果选用干电池供电，需要考虑常更换电池带来的麻烦，就要选用价格高昂的大容量电池。

为了进一步减小电磁阀的功耗，又开发成功了微功耗电磁阀，这种专为自动控制给水器具开发的电磁阀，近年来发展很快，利用这种电磁阀组装的自动洗手器等产品开始大量在市场上销售。这种电磁阀只在开阀和关阀的时候消耗一点电能，其他时间都不耗电。一个单体的自动给水器具，使用5号高能碱性电池，做到1~2年不用更换电池。可以认为无论是在使用性能上还是经济性方面都达到了较高的程度，还有的厂商开发的锂电池供电的给水器可用6~8年，基本上是一次性的产品，它既克服了使用交流电不安全的隐患和麻烦，又可以终身不用更换电池。随着批量化的生产，价格也在不断下降，目前一只自动洗手器的价格已经和一个高档水龙头的价格相近，这样的节能、节水器具，应该是公共场所推广使用的优秀器材。

6.5 控制电路及传感器

电子式自动控制给水器具的另一块部件就是控制电路了，控制电路是利用某种传感器，接受人体（或某种物体）的特定信号后使执行单元产生动作，完成预期的目标（例如：开、关阀门）。控制电路的最新发展，是可以按人们的需要设计一些自动程序或有选择的（智能化）完成一种理想的操作方式，达到科学、节约用水的目的。

最先采用电感原理，利用人体接近给水器具时分布电容或电感发生改变，给出信号，控制电控阀门启闭，由于可靠性太差，工作很不稳定，没有得到推广。以后发展了采用红外技术的产品，但由于价格昂贵只在个别宾馆等地方使用。这种产品根据不同的工作方式分为主动红外和被动红外式，主动红外还可以细分为红外线遮挡式、红外线反射式。红外线遮挡式传感器是在要检测（控制）的区域两侧对射方向分别安装一个红外线发射装置和接收装置，当有人进入检测区域时将红外线遮挡，从而发出控制信号，开启给水阀。这种系统比较适合装在沟槽式小便池、有隔板的大便器等地点使用，安装起来比较麻烦，检测区域的两侧必须有支撑体（墙壁等），因此限制了它的使用范围，现在大部分使用的是红外线反射式产品。红外线反射式的控制传感器可以与给水器具安装在同侧（目前的许多产品是合为一体的),正对使用者,在同一位置上既安装了一个红外线发射装置又安装了接收装置,当有人接近给水器具时,发射的红外线被反射回去,就被接收器所接收,这时就会输出控制信号打开给水器具。为了减少红外线发射的电耗和外界光线的干扰,都是采用脉冲式发射和接收。以上讲的红外线遮挡式、红外线反射式都是控制器主动发射出红外线的方式,因此叫主动式红外线自动给水器。人体本身也是红外线发射体,利用这一特点也可以做成自动控制给水器,这就是被动式(热释电式)红外线自动控制给水器,它的控制区域要比主动式红外线控制区域宽,目前的主要产品用于沟槽式小便池。除此以外利用超声波做媒体,也可以制造自动给水器具,考虑超声波的发射与接收特点,做成的控制器大部分是开放型的,使用时要特别注意防潮防溅问题,为了克服这一缺点,现在也开发了封闭式的超声波给水器。总之,这些产品各有利弊,使用比较成熟的还是主动红外线式。

近年来由于微电子技术的飞速发展,价格不断下降,微电脑芯片已经应用到自动控制给水器具之中,实现了智能化控制,例如最新型的一款红外线自动控制洗手器,第一次安装时就可以自行检查该器下方或前方的固定反射体(例如洗手盆底面或侧帮),并根据反射体的距离调整自己的工作距离,避免了过去的自动给水器因前方障碍较近,出现的常流水现象,而且这种智能化的洗手器可以做到尽管你的手伸在下面,没有洗手动作不给水,洗手时间过长了以后也会停水。长期(例如24h)不用时还可以定时冲水,以避免水封失灵,供电不足了提前报警。除了洗手器以外,其他形式的给水器具也都能根据自己的特征做了智能化的处理,总之,都是为了更加方便使用和提高用水的效率。毫无疑问这些都是节水的产品。

目前从这一类器材实际的使用情况来看,存在的主要问题是对水质要求比较高,要求水中没有杂质,否则会造成电磁阀门堵塞而漏水或不出水,需要加装可靠的过滤器,由于电动阀比电磁阀的抗污能力强,近年开发的一些器具上开始较多地采用电动阀了,在电动阀上有一些齿轮等传递力矩的机构,还存在阀的密封问题,这些可能是该种阀的薄弱环节,只能靠长期的使用实践来检验了。电子电路及元件的防潮问题,早就引起人们的重视,现在较好的产品采用环氧树脂灌封的工艺,效果不错。

第7章 冲水便器系统

冲水便器(即抽水马桶、坐便器、冲便器)的发明和使用是文明的一种象征,曾经有人把它列为人类最伟大的发明之一,有关资料介绍,水冲便器起源于英国,现在经过一百多年的发展,已经成为城市居住人员生活当中不可缺少的器具。也是人们生活当中耗用水量较大的器具。冲水便器的用水量历来受到各国政府的关注,从一开始使用冲水便器,英国议会就立法,规定了冲水便器的用水量。进入20世纪后期,水资源在世界范围内紧缺,更引起各国政府对这一问题的关注,先后制定法律,规定合适的用水标准,其中很多是与冲水便器有关的。1987年以来我国也先后编制了相关标准,规范冲水便器的生产、使用及用水量要求。表7.1说明部分国家冲水便器用水量的要求及检测方法。

部分国家冲水便器耗水量及检测方法　　　　表7.1

国家名称	标准最近版本(年)	水冲便器耗水量要求	实验方法及检测的项目	备注
美国	1998	节水型:6～13.3L/次;低耗水型:≤6L/次;节水小便器:≤5.7L/次;低耗水小便器≤3.8L/次	固体物排放;墨线冲洗;液体稀释	
日本	1995	一般大便器≤11L/次;节水型≤8L/次;虹吸式≤13L/次;节水型≤9L/次;节水型小便器≤4L/次	纸球;模拟海绵;冲洗时间 另外还有洗净、排出、输送、飞溅	
澳大利亚	1999	坐便器≯6L/次;采用双档6/3L/次;3L/次用于小便		
德国		坐便器6～9L/次;节水型≯6L/次,要求后续水2.8L/次	模拟试件;污水置换率;排水管道输送	引用为我国标准
英国		坐便器7.5L/次	卫生纸;固体球;毛巾;锯末	

续表

国家名称	标准最近版本(年)	水冲便器耗水量要求	实验方法及检测的项目	备 注
新加坡	1996(参照英国和澳大利亚标准)	坐便器 4.5L/次	等同英国标准	
马来西亚	参照英国标准	冲落式、蹲式大便器≤9L/次；虹吸式≤13L/次；节水型≤9L/次；小便器≤4.5L/次	试验方法等同采用英国标准	

注：表中所列数据为该国标准的规定值，实际产品水平要高于标准的要求。

为了不同的使用要求，冲水便器系统已经发展成种类繁多的大家族，依据GB/T 6952—1999《卫生陶瓷》标准规定按使用的不同方式，有四种形式：蹲便器、坐便器、小便器、净身器。抽水马桶应该专指冲水式坐便器，简称坐便器。另外"干式(利用微生物分解)"坐便器、化学药剂坐便器、焚烧式坐便器、冷冻式坐便器等不需要水冲洗的技术也在发展之中。

上述的4种冲水便器按照不同的冲水、排污方式还可以进一步细分，详见表7.2。

冲水便器的种类与形式　　　　　　　　　表7.2

种 类	形 式	排水口位置	排污方式	冲水方式	水 箱
蹲便器	带防溅罩蹲便器；无防溅罩一体式蹲便器；带存水弯蹲便器	前置式；后置式		一档给水自闭；二档给水(大、小便分别用不同水量)自闭；手动开关；延时自闭冲洗阀	高位水箱；中位水箱；低位水箱；封闭式(有压)水箱；无水箱(冲洗阀)；暗装水箱
坐便器	挂箱式坐便器；坐箱式坐便器；连体式坐便器；暗装水箱式坐便器	垂直前下排水；垂直后下排水；水平后排水	虹吸式；冲落式；喷射虹吸式；旋涡虹吸式		

续表

种 类	形 式	排水口位置	排污方式	冲水方式	水 箱
小便器	斗式小便器； 壁挂式小便器； 落地式小便器； 沟槽式小便池			单体红外全自动冲洗； 延时自闭阀冲洗； 手动阀门冲洗； 自动定时冲洗（电控自动；机械自动）； 沟槽热释电全自动冲洗	集中式水箱； 无水箱
净身器	斜喷式净身器 直喷式净身器				

  目前大部分冲水便器均使用优质的自来水，这是一种很大的水资源浪费，应该尽量创造条件使用中水（二次水、循环水、再生水、杂用水），不具备中水条件时就应该尽可能减少每次的用水量。减少便器用水量不能只减少水箱的贮水或减少冲水时间，实际上应该把冲便器作为一个系统来看待，为什么叫系统呢？说明减少一次用水量，就不是某一个部件的问题，而是整个冲水便器的各个环节都要适应减少水量的要求。尽管水箱、水箱配件、便器都能做到适应减少水量的要求，但输送的管道阻力大，水量少了稀释不了污物，流速不够，会发生管路堵塞的严重问题。可见每个环节都要适应减少用水量的要求，才能真正做到节约用水。

  冲水便器系统一般由水箱及配件（含自动补水阀、排水阀）、便器（含防臭水封）、污水输送管路（含管材、管件、接口）组成，另外特别需要提出的是安装施工技术也会影响到节水的效果，必须要保证系统的通畅。如果当地水压足够高（动压0.8MPa以上）也可以用一个前面介绍的延时自闭阀取代水箱及配件，使用效果也不错。

  下面分别介绍一下便器系统几个部件的构造、功能和使用。

7.1 陶 瓷 便 器

  冲水便器系统的核心是便器，便器经过100多年的使用和发展也有了不少的改进，使用更加舒适、方便、美观、卫生和低噪声，近10～20年由于水资源紧张，便器的一次用水量不断减少，由最初的13～17L水发展到现在的6L甚至更少水量。

  制造便器的材料最多的是釉面陶瓷，清理方便，造型美观，模具化生产，低成本，且容易生产出虹吸效果好结构比较复杂的产品，它主要用于住宅及公共建筑等固定场所。用不锈钢板冲压制作的便器使用效果也不错,这种便器轻便且不易破碎,主要用于经常移动的交通工具(如:飞机、火车、汽车、轮船等),不锈钢表面光洁顺畅,只需很少洗涤剂即可以冲洗干净,但成本高,不容易生产曲线结构复杂的产品,一般也不采用虹吸的方法清除污物,而是采用机械刮板、塑料袋收集等方式。

在公共场所使用最多的是蹲便器、沟槽式小便池或单体式小便器,为了增加舒适程度、提高档次,一些公共场所也开始使用坐便器了,需要解决的问题是如何避免交叉污染。

早期建设的普通住宅楼里还有使用高位水箱蹲便器的,现在住宅使用最多的是分体坐便器和连体式坐便器。

根据 GB/T 6952—1999《卫生陶瓷》标准的要求,一般陶瓷平均吸水率不大于1%,玻化瓷吸水率不大于0.5%。为了排污顺畅在 JC/T 856—2000《6升水便器配套系统》标准中还对水道存水弯内壁必须涂釉做了要求。玻化瓷的产品硬度高、光洁、耐擦洗、不易挂脏、节水。低温烧制的产品质量较差,釉面疏松易划伤,尤其是长期浸泡的水封部位还容易被腐蚀。容易挂脏时冲洗就费水。

影响到便器一次用水的多少还得看坐便器的排污方式和管、口衔接是否圆滑顺畅。根据 GB/T 6952—1999《卫生陶瓷》标准规定不同排污方式需水量分别为:虹吸式、冲落式不大于9L;喷射虹吸式、旋涡虹吸式不大于13L;节水型不大于6L。

普通坐便器之中冲落式和虹吸式使用的较多。坐便器安装在室内,要防臭必须要有水封,坐便器水封都是设计成S状流道,那么如何区分虹吸式与冲落式呢?一般虹吸式存水较深,S状排污管较细较长,且出口向下,每次冲水时,便器水位先是上涨,涨到"虹吸水位",然后水以较大的速度旋进排污管里,并有较响的抽吸声音(虹吸不好的出水慢,声音小);冲落式则与此不同,每次冲水时将污物直接冲入较粗的排水管之中,有冲洗的响声。一次完整的冲洗过程除了要将污物冲洗干净,通过水平下水管送入立管,并且还要将便器里的水置换成新(清洁)水。

经过近年的研究和实验并按照现行的模拟固体物检测方法(不是通过实际应用检测),冲落式坐便器因其冲洗方法,比较容易达到6L水的要求。虹吸式坐便器是利用了虹吸的抽排作用,排污能力较强。普通虹吸式和冲落式坐便器,按排水口位置分为下排水的也有后排水的,配套的水箱有挂箱的也有坐箱的,见图7.1,图7.2,图7.3。

为提高便器的排污能力、降低噪声,还有喷射虹吸式和旋涡虹吸式两种型式坐便器。喷射虹吸式便器除了具有虹吸式坐便器的优势以外,在每次排污时,除了由坐圈下面出水口沿壁向下冲洗外,还在便器的底部,对准虹吸管口的地方设计了一个喷嘴,该喷嘴正好对准排泄物喷射,对排泄物起到了击碎和引射作用,提高了冲洗效率,但耗水量会稍大一些,见图7.4,该款坐便器的水箱也有特点,是一个密闭

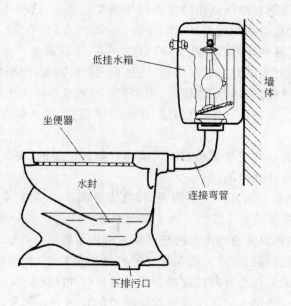

图 7.1 低悬挂式水箱和普通虹吸式坐便器

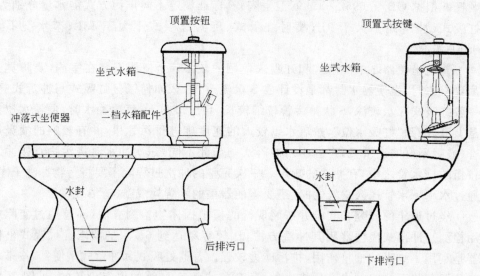

图 7.2 坐箱后排水冲落式坐便器　　图 7.3 坐箱下排水冲落式坐便器

的压力式水箱,可以充分利用给水管网的压力提高冲洗水的势能,增加冲刷力,减少耗水量。

　　旋涡虹吸式是为了减少上述便器的排污噪声,提高冲洗效率开发的产品,它的连体水箱设计得很低,储水量也比较少,底部设计一个较大的出水口,冲水开始时水箱的水沿左(右)旋切线方向很快流出,形成一个大的旋涡,由于水量少,势能也小,并不能全部完成一次冲洗工作。
随着水箱水位的下降,进水阀启动,
进水阀有两个由浮子控制的进水管,
分别称为补水管和冲水管,补水管负
责向水箱补水,冲水管利用管网的压
力水给到便器的上圈,继续完成冲洗
工作,直到水箱的水进满为止。通过
调整冲水管浮子上面的平衡重锤,可
以控制冲水管流出的水量。这种便
器噪声小,水箱里的水只完成部分冲
洗,另一部分水直接来自管网的有压
水,提高了水的势能,冲刷力强,且存
水面积大,较少散发异味,是一款使
用性能好的便器。一般均与水箱做

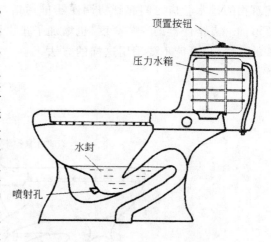

图 7.4　连体(附压力水箱)喷射虹吸式坐便器

成联体式,外形线条流畅美观。见图 7.5,为了节约用水,有的水箱上面做了一个洗手盆,可以利用补水洗手,洗过手的水流进水箱储存,供下次冲水用。

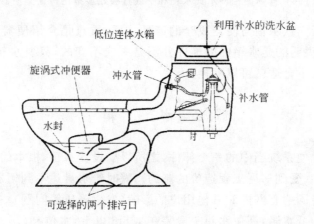

图 7.5　旋涡下排水(附洗手器、双排水口)虹吸式坐便器

　　坐便器还有一个比较重要的技术参数,就是便器排污口的位置,这往往成为选择或更换坐便器时用那款产品的决定性因素之一。如果与建筑物的排水管口位置不配套,需要改变坐便器的安装位置,因此有的下排水便器制作了多个排出口,安装时可以任选一个,达到能够与建筑物预留的排水口相对,给安装带来方便,见图 7.6。这款坐便器除设计了两档排水外,还有一个特点,它的底面是平的,这是为医院等需要专门取大便样带来方便,它不太适合一般使用,容易散发异味。另外现在建材市场里还可以买到一种塑料的乙字弯一样的配件,它做得很扁,放在坐便器与

建筑物的排水管口之间起到协调便器排污口与建筑排水口能对正的问题,但这样要增加一点坐便器的安装高度,也增加了排出污物的阻力,必然也需要增加一些冲洗的水量,尽可能不要采用这样的方法。

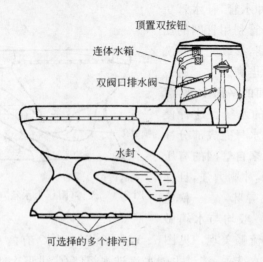

图7.6 连体两档冲水式水箱和平底虹吸式多排污口式坐便器

上面介绍了六款水箱与便器成套的产品式样,重点是介绍便器本身的排污结构与特点,需要说明的是水箱内的配件并不是一成不变的,只要水箱容纳得下,预留的孔位方向大小合适就可以互换。

7.2 水 箱

水箱也是冲便系统当中的一个部件,之所以要设置水箱,根本的原因是解决每户给水支管较细(受到房屋工程造价的制约),瞬时给水量达不到便器所需冲水量,另外还可以避免同一管网内对其他用户的影响(发生降压等问题)。按照安装位置分为高位水箱和低位水箱,高位水箱一般装在1.8m以上,水位高,压差大,冲水管用得细一些($DN25mm$),也可以保证一定的冲洗强度,但不便检修,不太美观,一般多用于公共场所或早期建造的建筑物的蹲便器上。由于坐便器在住宅中普及,与坐便器连为一体或挂在坐便器旁边的墙上或暗装在墙里的低位水箱使用越来越多了。为了提高冲水的压力,又方便使用和检修,也有把水箱挂在1m～1.2m高的中位水箱。条件允许时应该首先选用这一方式,有利于节约用水。

前面的图7.4曾介绍了一款利用自来水的管网压力,提高冲洗强度的有压(封闭)式水箱,因担心管网的安全以及价格较贵等问题,还没有得到更广泛的应用。

为了与坐便器配套,多数水箱也是用陶瓷制造,体积也越来越小,总容积一般都在15L至25L之间,个别也有用塑料或金属材料制作的。如果当地的水压足够高(0.1MPa以上),进户给水支管口径也够大($DN20mm \sim DN25mm$),就可以简化这一套给水装置,安装一个大便冲洗阀。

7.3 水 箱 配 件

水箱配件主要指的是完成便器冲水过程的进水阀和排水阀,这两个阀门都是属于机械式自动阀门,对水箱的进水阀总的要求是可以通过人工设置,使水箱内总保持一定的水位(水量),对排水阀的要求是一旦排水阀打开,自动到位,开到最大,直到水位下降到一定位置时快速自行关闭。水箱配件多用铜、不锈钢、塑料等耐腐材料和橡胶材料制造,劣质材料或偷工减料特别容易使水箱配件老化损坏,加之其他一些原因,时常有漏水发生。于是人们的认识进入一个误区,好像这两个阀门本身不做得复杂就不能阻止漏水,其实增加防漏的环节过于复杂的机构,容易损坏的零件更多,往往更容易发生漏水,而且制造成本也是越来越高。

按照 JC 707—1997〈坐便器低水箱配件〉对进水阀的基本要求如下:

(1) 方便安装和拆卸,活动部件灵活无卡阻现象;

(2) 具有方便调节有效水量的结构;

(3) 溢流管必须高于有效工作液面20mm;

(4) 进水阀应有有效的防虹吸装置,否则进水管的出水口应高于溢流管20mm;

(5) 进水阀应有补水管,其补水量必须满足水封的要求;

(6) 要保证通过不低于0.9MPa(合格品)强度试验和0.6MPa(合格品)密封性试验;

(7) 在0.05MPa压力下最大(13L)进水时间不得大于250s;

(8) 补水噪声要小。经过多年的实践人们开发出了浮球直接作用式、小孔先导式、弹簧压力平衡式、水压平衡式等多种不同的式样,其中弹簧压力平衡式已经停止使用。

直接作用浮球阀用在坐便器水箱时,水箱的容积较小,还要容纳一个排水阀,更限制了浮球的体积和杠杆的长度。尤其是当地水压较高时,需要的关闭力矩大,浮球必须要做得比较大,否则容易发生漏水,即便该阀有较好的抗污性能和自洁能力,也不宜采用。另外过大的浮球和较长的杠杆在水箱里活动不便,有时会与排水机构干扰,常因卡住导致漏水。在低水箱配件中,现在已经较少使用。

小孔先导式浮球(浮筒)补水阀,浮球(浮筒)可以做得较小,很好的适应了缩小的水箱,是目前应用比较广泛的一种产品,但该阀结构比较复杂,对水质要求较高,水中有细微的杂质堵住(先导)小孔,就会使进水阀失灵,造成进水不止,水从溢流口进入便器,造成浪费。

弹簧压力平衡式补水阀,体积小巧,不用浮球,曾经用得很普遍,有的旧水箱上还在使用。由于这种阀门必须安装在水下,一旦发生故障有可能污染自来水管网,现在已经明令淘汰,限制使用,见图7.7。这种阀在水箱中占的地方小,当水箱水位升到一定高度时,通过膜片杠杆抵消了弹簧的压力,使阀门关闭,调节弹簧的松紧可以控制进水的多少。这种阀的膜片另一面是通大气的,安装时要特别注意不要把气孔堵住。

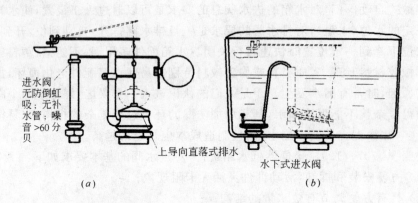

图 7.7　淘汰的两种水箱配件

水压平衡式补水阀的工作原理与弹簧压力平衡式有些相似,是为了解决进水口埋在水下的矛盾开发的产品。这种阀取消了弹簧并把出水口移到了水面以上,它有一个取压管,可把水位转化成控制关阀的压力,关闭进水,调节取压管高度即可以控制进水的多少,该阀在我国用的还不多。以上两种补水阀也都是用先导工作原理的产品,对水质的要求比较高。

按照JC/707－1997《坐便器低水箱配件》标准中对排水阀的基本要求:

(1) 优等品、一等品、合格品的排水量分别不得小于2.0、1.8、1.5 L/s;

(2) 一次总的排水量不得少于3L;

(3) 维修方便,零件互换性好;

(4) 在 50×10^3 个循环中不得出现故障。

上面所讲的排水阀都是利用水箱的水压使阀瓣抵紧在排水口上的,这一抵紧力是很小的,一般只有20mm水柱的压力,不太有利封严排水口,于是开发了弹簧压紧和液压式水箱排水阀,液压式水箱排水阀是利用自来水的给水压力使阀瓣抵紧在排水口上,大大增加了抵紧力,这对防止渗漏有好处,但这种阀门在水箱内增加了几根液压传递管,增加了数个渗漏的环节,这些管一般采用塑料制造,长期在冷水内浸泡,易老化变硬,会影响使用寿命,该阀结构比较复杂,加工要求精密,成本高,销售价格就更高。

除了利用自来水给水的压力使阀瓣抵紧排水口增加抵紧力以外,还可以利用橡胶弹力增加这一力量,这就是水囊式排水阀,利用优质橡胶制造一个厚壁球体,球上面紧固在一个与排水口连为一体的托架上,球体的下弧面抵紧阀口。球体上面设计了一个8～10mm的单向出口和一个针孔大小的进口,便器冲水时通过提拉下弧面,离开阀口向便器内冲水,球体被压缩通过单向出口排出球里的水和空气,手离开后利用橡胶壁的弹力回弹,再通过针孔进水口将水和空气慢慢吸入球内,由于这个孔设计得很小,阻止了橡胶壁的快速回弹,达到冲水延时关闭的目的。这种结构还可以根据提拉程度的不同,主动控制排水量。

早期在高箱上使用的虹吸式配件,是一种无阀口的排水阀,它的使用条件是,水箱高,压力大,较细的排水管也可以保障必须的冲洗强度,以后还发展了一款软管倾斜式虹吸,都有很好的使用效果,只是软管容易老化不容易保持一定弹性。这一技术用于低箱时就不太理想,主要是水位差小,排水管较粗,影响了虹吸的形成,以后曾改进为双进水口式,效果也不是很好,从工作原理来说虹吸式排水应该是有优越性的,它没有阀口漏水问题,机构最简单,制造容易,维修方便。

7.4 污水输送管

污水输送管也是冲便器系统中的一个组成部分,过去较少引起人们的关注,它对于减少坐便器用水量也有很大的影响,以前采用砂型铸造的铸铁管,石棉灰承插接口,管节短,内壁粗糙,死角多,水力特性差,阻力大,必须使用很多的水才能将污物输送到污水干管里去。近年我国大力推广了塑料管(PVC、PVC-U等管材),内壁光滑,管件连接阻力小,有效的改善了水力特性,但排水的噪声大,尤其是在我国北方,排水管都安装在室内,影响了人们的生活,虽然也采取了一些隔声和消声的措施,但效果还不够理想。使用精铸的长节铸铁管,顺滑的管件,柔性接口,尽量减少死角,这样既可以减小污水输送的阻力,又可以降低噪声的污染,还可以减小火灾带来的损失。

一旦房子建好排水管是不易更换的。采用节水坐便器时一定要因地制宜,细心调试,科学节水,不可以盲目减少用水量,以免造成其他后患。

总之要想把坐便器每次的用水量降低到标准要求的6L水,应统一考虑组成便器系统各部件的协调与配合,如:便器如何能够顺畅排出污物,并且恢复清洁的水封,排污管也要选择内壁光滑的塑料或精铸的铁管以及相应的管件。另外还要严格按照标准及设计要求施工。单单通过缩小水箱体积,改动水箱配件是达不到使用要求的。但是可以通过下一节介绍的方法,调整自己使用的坐便器,最大限度的减少用水量。

7.5 冲水便器节水

有些便器存在漏水和用水效率不高的情况,水在人们没有察觉的情况下流进了下水道。浪费的水资源非常可惜,浪费的水量也是很惊人的,稍不注意几十吨上百吨的净水就会付诸东流,过去人们看到坐便器用水多,只是孤立的想办法减少一次冲水量;克服排水阀漏水。我国在 1987 年由国家计划委员会、国家经济委员会、城乡建设环境保护部、轻工业部、国家建材局以及后来 1988 年又由国家建筑材料工业局和建设部联合发文,明令淘汰上导向直落式排水结构的低水箱配件。见图 7.7。

这一落后产品主要存在的问题是:

(1) 直落式球塞的直线运动与把柄挑杆的弧线运动不统一,使球塞的导杆变弯卡在支架上或球塞复位不正导致漏水;

(2) 进水系统无防倒虹吸(无防水污染)装置;

(3) 进水噪声大(>60dB),无补水装置。

现在排水阀使用最多的是翻板式,可以自动定位,基本克服了排水阀漏水的问题,用作翻板的材料应该比较考究,较硬时不容易做到与排水口紧密配合而漏水,过软时又很容易被水压迫变形,也会造成漏水;该阀瓣目前大多是用橡胶材料制造,由于选用的材料不好或加工的工艺不对等原因,在水中浸泡时间长了(例如一年)就会老化,尤其材质软的产品更容易老化,前些年市场上出现一种防漏的配件(克漏阀)就是因为采用了非常柔软的胶膜不能解决老化问题很快就退出了市场。

传统的排水阀都是设计成一箱水排完以后才能自动关闭,小便时希望用半箱水就可以达到冲洗目的时,也不能停止排水,不符合节水的要求。这样就制造了两档排水阀和可控式排水阀,能够根据实际需要减少用水量。这些改造都可以取得一定节水效果。为此出现了各种形式开关,有的一时不知道怎样使用,操作不当反而要浪费水,现在把比较常见的一些开关(按钮)形式介绍给大家,见图 7.8。

现在介绍三种两档式水箱排水阀的结构:一种是双阀口式,一个阀口在上,一个阀口在下,需要整箱水时打开下面的排水口,需要半箱水时打开上面的排水口,见图 7.9。

这一方式还保持了原来自动排水阀的特点,无论是整箱水还是半(部分)箱水,每次水量都是固定的,所用的翻板配件也是通用的,不足之处是增加了一个排水口,增加了一个漏水的环节。

另外一种是可以随时停止排水的排水阀,该产品除了具有一般配件自动排一箱水的功能以外,最大特点是可以人为控制排水,使用时如果不需要用整箱水的情况,可以随时关闭排水阀,停止排水,但由于中途需要手动关闭,手不能离开,要观

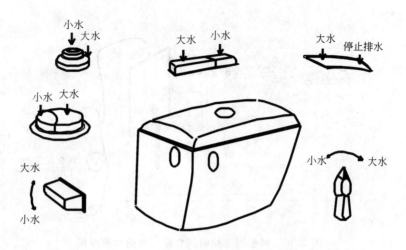

图 7.8 两档式水箱开关的几种形式

察坐便器是否冲净了,带来一点小小的不便。但可以随时关闭排水阀,以利节约用水。

第三种是在打开排水阀的机构上增加了一组杠杆和浮子等装置,并引出两个控制手柄(钮),一个控制排水阀以原来的方式和速度关闭,另一个使阀快速关闭,达到只放出半箱水的目的,该方式仍然保持了一个排水口,但控制机构变得复杂,给维修工作带来一定的难度。在这一类型中也有简易的产品,在原配件的基础上设计了两个控制手柄(钮),一个动作幅度

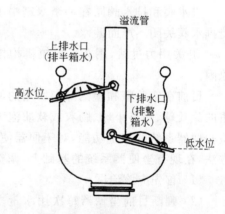

图 7.9 一种双排水阀口配件

大,能够完全打开排水阀,自动排出整箱水,另一个有限位,动作幅度小,扳(按)动时排水阀开,松手阀就关,可以随意控制排水量的多少,但手不能离开扳把(钮)。

还有一款国外开发的低箱配件,虽然技术上还有待完善,但很有特色,它可以根据人坐在便器上的时间长短,自动完成大小水量的进、排水。在便器上不坐或坐少于 3min,认为是小便,进半箱水,排半箱水;超过 3min 以上时认为是大便,进一箱水排一箱水。不必由人去判断选择按哪个钮或看着排水过程。见图 7.10。

它的工作原理是,在一个较大的倒置开口浮筒上面引出一个微小的排气管,通到坐便器坐圈下面安置的一个小放气开关上,平时放气阀借助弹簧力密封不排气,浮筒内容纳的气体多,浮力大,进水到一半时就关闭了,因此只排半箱水,当坐着大便时一般要超过 3min,排气阀受压开始排气,浮筒浮力降低,继续进水,直到进满

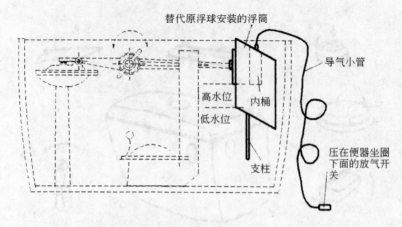

图 7.10 可根据坐便时间自动分档的水箱浮筒

一箱水为止,这时再冲水就是整箱水了。

进水阀和排水阀同在一个水箱中工作,难免有相互碰卡的情况发生,这时也会使排水阀关闭不严而漏水。

开关用力过猛,用久了提拉机构松弛,不会调整也是造成损坏和漏水的一些原因。

目前在实验室和检测部门所用的便器冲洗功能检测方法,大部分采用的是配重的乒乓球、塑料小球、肠衣或软质泡沫制作的试件模拟检测,而以实际使用效果检验便器系统的冲洗功能,对于便器使用人,是较方便和实用的,下面就介绍一个方法,在现有坐便器系统的基础上,调整好坐便器为最节水。

(1) 首先应该治漏;

(2) 判断目前坐便器每次用水量多少升;关闭水箱的进水阀(八字门,角阀),按照正常使用排水一次,再用一只已知容量的桶(例如洗干净的5L油桶,1.25L的可乐桶等)向水箱灌水,到旧有的水线(痕记)处,灌入的水量就是目前的坐便器用水量。

(3) 如果一次用水超过 10L 了,就应该调整浮球(浮筒)阀,减少每次的进水量,每调整一次不要减少得太多(例如 1L)使用一二周后,如果冲水效果很好,以不发生重复冲洗为限(一次冲不净,需要再次冲洗),还可以再一次减少进水量,对于旧的坐便器每次用水不宜少于 6~7L。如果每次都得 10L 以上,且冲洗效果还不好(冲

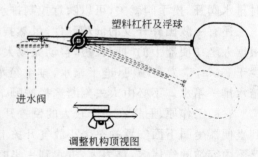

图 7.11 曲臂式水位调整机构

不净、挂脏要二次冲水等)就要考虑更换新的坐便器了,更换时一定要把排污管道疏通检修好。

符合要求的水箱配件,都应具备调整进水量的功能,可以做到任意控制进水的多少,且能长期工作有效。

目前使用较好的产品有三种,见图 7.11;图 7.12;图 7.13。

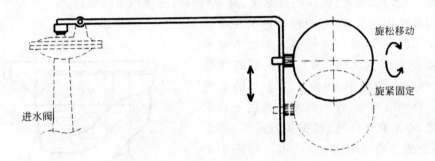

图 7.12 滑动球式水位调节机构

近些年关心节水的热心群众创造了一些在水箱内放砖块、水瓶、贴衬物的节水方法,减少每次的冲水量,但不如直接调整进水阀浮球,减少一次进水量来得便捷可靠。尤其是现在水箱体积较小,放进东西,有时会干扰进水阀、排水阀的工作,使得水箱工作不稳定,反而会浪费水源。对于高档低噪声旋涡式连体式坐便器,由于水位本来就很低,不宜采用调节进水阀减少进水量的方法节水。经过实验采用在水箱内放砂袋的方法效果比较好,砂袋可以比较好的占据水箱的下部凹下的空间,且不会干扰进水阀、排水阀的动作,达到节水的目的。对沙袋的要求是,防水,长期在 0~30℃的水中浸泡不损坏。沙袋体积以 1L 为好,参考尺寸 250mm×100mm×50mm,使用比较灵活,放入几袋就节省几升水。沙袋密封时要排除空气,沙子不要填装过满,保持柔软,别有棱角,装袋的沙子最好经过消毒,起码应该是干燥的,以防止时间长了孳生霉菌,损坏了包装袋,造成沙子漏出,当然这只是用于改造旧的费水水箱等设施,如果新建还是应该直接选择节水型的器具为好。

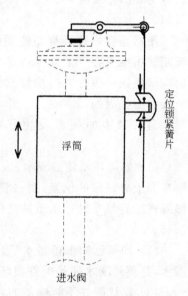

图 7.13 簧片锁紧式水位调节机构

(4)除了减少每次的进水量以外,还可以采用手控的方法随时终止排水,也可以达到节约用水的目的,本来翻板式的阀瓣具有自动调整重心,自动定量排水的功能,加装限位档片(俗称节水器)使其不能抬高到全开的位置(相当去掉自动关闭功能),就成为一个手控的排水阀了。用多少排多少,比每次都用整箱水总是要节约一些。

充分利用微生物技术、基因技术、纳米技术,尽量减少水为载体的输送方式,开发无水(少水)式便器,将粪便资源化,是今后节约冲便用水的出路。

当前使用的标准,对坐便器内的存水只规定了水封深度,有的坐便器水封根本就不在坐圈投影范围之内,污物粘在干的器壁上,暴露在空气当中,影响了卫生间的空气环境。存水面积小、存水深度浅都达不到卫生要求,也不利于冲洗,根据实践经验,存水区(坐圈的正投影下方)的长边不应该小于200mm,短边直径不应该小于150mm,80%的存水区域深度不应小于50mm,见图7.14。

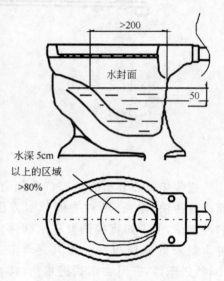

图 7.14 坐便器存水示意图

便器是我们每天都要使用的器具,经过长期使用难免会产生这样或那样的故障,我们应该掌握一些有关的检修常识,这也是当今社会所提倡的。

自己家中的便器发生了漏水问题怎么办?

(1) 如何判断便器漏水:大漏很容易发现,微漏不容易观察,可以向便器后内壁水面上方一点的位置,滴一滴墨水,画一条墨线或放一点高锰酸钾微粒,如果有渗漏就很容易看到色水被冲洗的流痕,但要注意墨水自然下流与渗漏的区别,见图7.15。

(2) 如果已知水箱漏水了,可以打开水箱盖,检查是给水阀关不上还是排水阀漏水,是偶然漏水还是配件损坏,并修复。

(3) 确认配件不能修复的,应该更换新的配件。更换的注意事项是尽可能使用原形式的配件。如果没有原形式件,可以配用其他形式的,这时要注意与水箱的配合。新的配件扳把(按钮)与水箱上的扳把孔大小、安装位置是否一致(一般有箱体侧扳、侧按、前脸侧扳、侧按、顶盖按钮等见图5.5);水箱内能否容纳新的浮球;浮球与排水阀有没有干扰(浮球落下时不妨碍排水阀关闭,浮球抬起时不会挂住翻板);盖上水箱盖妨碍不妨碍扳把的运动等。

(4) 水箱配件不便于部分修复和更新的就要整体更换水箱和便器了,此时要

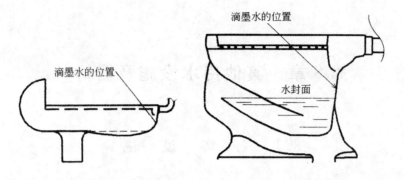

图 7.15　用墨水检查使器漏水

注意的是新换的坐便器排水口的方向与墙距是否合适。目前建材商店出售的坐便器大部分都标有 6L 水,这是一种商业行为,不足为凭;要确认是否经过科学的检测,6L 水不是孤立地说水箱、水箱配件或便器,而是对整个系统而言的,只一个水箱或配件是 6L 水是不行的,低于 6L 的产品,例如某厂商推出了 3L 便器,就要慎重选用为好。

以上只是介绍了一些多年从事生活节水工作方面的经验与体会,难免挂一漏十,说到生活节水,必须是全民动员,从小养成良好的节约用水习惯,节约用水成为每个公民的自觉行动,只有这样才能发挥出群众之中最大的节水潜力。

第8章 其他用水设施及器材

8.1 洗浴设施

人们日常的洗浴也会消耗大量的水,而且随着生活水平的提高人们洗浴的次数也会越来越多。一个人洗浴由最初的一年数次到每月数次,再到每周数次,尤其是夏季每天一次,有些行业(饭店服务业)每天要洗浴两次,可见用于洗浴的水增加得有多么快。最基本的洗浴方式是淋浴,方便卫生,但没有自动控制关闭的简单淋浴喷头,是很浪费水的。经过研究能够达到基本舒适淋浴的最少水量是 7～9L/min,大部分公共浴室的喷头都超过了这一标准,根据实际测量,有的宾馆饭店达到 25～30L/min,是标准要求的 3 倍。因此首先应该采取措施(降压、节流、限量)减少过多的水量浪费,使淋浴器出水达到标准要求。其次淋浴时会有很多时间(搓肥皂、擦背等)不需要淋水,应该及时让淋浴器停止出水,这一过程用手操作就很麻烦,如果采用机械或电子的方式达到自动开关淋浴器的目的,就可以节省大量的淋浴用水。典型的机械式半自动淋浴器是脚踏淋浴器;典型的电子式自动淋浴器是主动式红外线淋浴器,这都是行之有效的节水器具。

追求舒适的洗浴方式,是带有多个横向按摩喷头的淋浴房和按摩盆(池)浴,这一方式较一般淋浴多消耗数倍的水,在水源紧缺的地区不应该提倡推广这样的洗浴,并且一定要有过滤、消毒、循环水再利用的装置。

桑那浴是 20 世纪末才引入我国的,它是一种省水费能的方法,在电能充裕的地方推广可以起到一定的节水作用。

人们在洗浴时对水温的稳定要求是很高的,一般希望比体温略高 2～3℃,这样符合要求的温水经过管道输送就会降低,目前采用的办法是添加热水,或者直接用冷水与热水混合成合适的温水使用。在调试过程中水温是不稳定的,这些水直接排入下水道,它不但浪费了水,而且浪费了热能。因此讲到淋浴必然要涉及如何供给温度合适的水的问题。最早的淋浴器都是双门调节式的,一根冷水管一根热水管通过两个调节阀门进入淋浴喷头,这就是自主调节给水,由使用人自己调节自己使用,优点是可以自主控制水温,缺点是每次关水后都得重新调,而且影响同一支管其他喷头的水温,调温的过程浪费的水很多,在喷头比较集中的公共浴室中不提倡使用这种形式的淋浴器。

在公共浴室中供应多数人能接受的温度的水是比较好的方案,这样的供水只有一根管,不需要调节水温,很适合为自动半自动的淋浴器供水。用冷热水混合成稳定温水,有两种方法,一是水箱混水(也叫静态混水),由专人负责用手动或是自动阀门向高位(低位水箱需要再用水泵加压)水箱内混合成需要的温水,再及时送到淋浴喷头使用,它的问题是混好的水不一定正好用完,当再用时水已经变凉了,这些水放掉是很可惜的。较好的混水方式应该是动态混水,边混边用,它的关键是如何保证在冷、热水温度、压力及喷头使用多少发生变化时能够保持输出的水温恒定。为了达到这一目的,现在已经生产出了自力式恒温混水阀和阵列式电磁阀混水装置以及电动阀式混水器等产品。其中自力式恒温混水阀对冷、热水温度、压力的变化适用范围宽,而且不用外界的能源,具有断水自动保护功能,但它适应负荷变化的能力有限(单台的最大混水量只能供给 20 几个喷头使用)。电动阀式混水器适应负荷变化的能力较强,但对冷、热水压力差有一定要求,必须保持一定的正差值,要有一个较大的混合罐,每次启动时要浪费一些水,运行时需要电源。阵列式电磁阀混水装置与电动阀式混水器类似,但它是通过不同口径的阵列电磁阀逐级控制温度的,控温的稳定性要差一些,安全性也应该引起足够的重视。

现在一些大城市为了防止大气的污染,逐步限制取消燃煤锅炉,改用燃油或燃气锅炉以及电锅炉加热水,这就给定温加热水带来了方便条件,可以根据对水温的需要自动控制加热,使出水温度保持一致。采用这样的系统供应洗浴温水也有一些矛盾需要解决,为了合理投入基建资金,锅炉会选择得比较小,当浴室接近满负荷(淋浴器全打开)时,会出现热水供应不上的问题,这时应该再加一个缓冲用的保温水箱,它的大小应该按浴室的喷头数量考虑,可按照每个喷头 50～100L 设计,锅炉比较大时应该取小数,锅炉比较小时应该取大数,特别需要注意的一点是,这样的水箱一定要与锅炉有循环系统,以便在水箱水冷却时再进行加温,以免浪费。

8.2 洗 衣 机

洗衣机是生活中普及率较高的用水器具,使用率很高,消耗水量较大。我国由 30 年前开始制造洗衣机,到现在成为世界洗衣机的生产大国,而且包括了全世界的著名品牌及品种,1994 年欧盟国家提出的产品分档,或称"能效等级"概念,对洗衣机的能耗分级规定不仅在于其量化指标的等级划分上科学严谨,而且这项标准在欧洲强制性推广,逐渐为消费市场及众多国家所接受,我国根据实际情况及需要,将这一标准消化吸收,在欧盟产品分档的基础上减少了分级增加了项目:

分级:国际先进、国内先进、国内中等、国内一般,分别用 A、B、C、D 代表(欧盟分七级:A、B、C、D、E、F、G)。

项目:洗净比、用电量、用水量、噪声、(脱水)含水率、无故障运行次数(欧盟分

3项：能效等级、洗涤性能、脱水效果）。

不难看出孤立的强调节水，牺牲洗衣机的性能指标或者使工作性能下降都是没有意义的。因此必须在其他项目达到要求以后用水越少越好。

目前我国生产和使用的洗衣机主要有两类：波轮式、滚筒式，各有利弊，按照标准洗涤要求，全负荷运行时滚筒式（不加热）较波轮式大约省水50%；但费电一倍。

洗衣机节水主要是从3个方面入手，一是要根据洗衣的多少确定用水量，新的自控洗衣机可分到10档。减小内外桶的间距也可以减少用水；另一个就利用超声波、臭氧、加强水流的喷淋及循环冲洗作用、改变洗涤程序、提高转速等物理方法，提高洗净的效率，减少耗水；三是提倡使用低泡、无泡洗衣粉及减少水体污染的无磷洗衣粉，这样可以大大减少漂洗耗水量。

8.3 饮 水 机

饮水机主要是指换桶（装）式饮水机，由于它同时可以提供冷、热水，且根据自己需求提供不同品质的水（天然矿泉水、饮用纯净水、人工添加有益元素的水等），已经形成了一种经营性行业，使用管理很方便，许多机关单位办公室以及部分家庭都使用了它。从心理上讲饮水质量有保障，但经过近几年的实际运行，这种饮水方式还存在着一些问题，不利于节约用水和提供真正高质量饮水，主要是制水提纯要浪费很大一部分优质自来水（据不完全统计大约30%~50%）；洗刷容器要浪费一部分水，使用过程中不断和室内空气接触有污染，如果一桶水使用几天就可能有细菌繁殖，在很多的饮水机下部的容水槽中由于长期得不到清理已经孳生了藻菌，这实际上是很不符合卫生要求的。为了克服这一弊端，国内已经有了一些专利技术，例如用食品级的塑料膜制作的软袋包装代替水桶，就可以避免空气的接触污染和洗瓶水的浪费，包装袋还可以回收利用，水槽改为盘管减小了死水体积和容器死角，减少了细菌的孳生环境，比现在流行的饮水机具有较多的优点，只是暂时还没有得到推广使用。

使用净水器（包含矿泉壶）的目的也是为人们提供直饮水，它与饮水机的区别是：饮水机的水是专门的生产工厂净化的，是一种集中的工业化加工过程；净水器是把水的净化工作分散到家里来了，虽然不是特别难以办到的事，但终究是一项专业工作，需要较高的专业知识。根据原水质量的好坏，它在运行一段时间就需要清洗，更换滤料，检查渗透膜是否失效等。这对于普通百姓来讲，很难掌握得很好。另外也存在细菌的孳生的问题。如果有必要的话，还是通过发展区域性的直饮水系统解决为好。

8.4 热 水 器

热水器是为家庭提供洗涤(洗浴)温水的器具,开水器(水壶)提供沸水的器具,早期的产品多数是利用煤、燃气加热,现在改用电能,更加方便、清洁、卫生、少污染。从节水角度出发这两种器具的选用原则是容积够用即可,不可贪大,大了既费水又费电。一般三口人的家庭,即热式热水器应该选用 7～8L/min 的,容积式热水器选用 60L 的,电开水器(壶)可选 1.5L 的。

8.5 洗 碗 机

洗碗机可以使人们不再为饭后的洗碗犯难,但它不太适合我国的饮食习惯,很难适应洗涤我国家庭的所有锅、碗、盆、瓢。不像西餐以用盘子为主。与人工洗涤相比要浪费很多水,在目前水资源这样紧缺的情况下,不宜提倡使用这种用水器具。

第9章　有关节约用水的法规及政令

9.1　中华人民共和国水法

（2002年8月29日第九届全国人民代表大会常务委员会第二十九次会议修订通过）

第一章　总　则

第一条　为了合理开发、利用、节约和保护水资源，防治水害，实现水资源的可持续利用，适应国民经济和社会发展的需要，制定本法。

第二条　在中华人民共和国领域内开发、利用、节约、保护、管理水资源，防治水害，适用本法。

本法所称水资源，包括地表水和地下水。

第三条　水资源属于国家所有。水资源的所有权由国务院代表国家行使。农村集体经济组织的水塘和由农村集体经济组织修建管理的水库中的水，归各该农村集体经济组织使用。

第四条　开发、利用、节约、保护水资源和防治水害，应当全面规划、统筹兼顾、标本兼治、综合利用、讲求效益，发挥水资源的多种功能，协调好生活、生产经营和生态环境用水。

第五条　县级以上人民政府应当加强水利基础设施建设，并将其纳入本级国民经济和社会发展计划。

第六条　国家鼓励单位和个人依法开发、利用水资源，并保护其合法权益。开发、利用水资源的单位和个人有依法保护水资源的义务。

第七条　国家对水资源依法实行取水许可制度和有偿使用制度。但是，农村集体经济组织及其成员使用本集体经济组织的水塘、水库中的水除外。国务院水行政主管部门负责全国取水许可制度和水资源有偿使用制度的组织实施。

第八条　国家厉行节约用水，大力推行节约用水措施，推广节约用水新技术、新工艺，发展节水型工业、农业和服务业，建立节水型社会。

各级人民政府应当采取措施，加强对节约用水的管理，建立节约用水技术开发推广体系，培育和发展节约用水产业。

单位和个人有节约用水的义务。

第九条 国家保护水资源,采取有效措施,保护植被,植树种草,涵养水源,防治水土流失和水体污染,改善生态环境。

第十条 国家鼓励和支持开发、利用、节约、保护、管理水资源和防治水害的先进科学技术的研究、推广和应用。

第十一条 在开发、利用、节约、保护、管理水资源和防治水害等方面成绩显著的单位和个人,由人民政府给予奖励。

第十二条 国家对水资源实行流域管理与行政区域管理相结合的管理体制。

国务院水行政主管部门负责全国水资源的统一管理和监督工作。

国务院水行政主管部门在国家确定的重要江河、湖泊设立的流域管理机构(以下简称流域管理机构),在所管辖的范围内行使法律、行政法规规定的和国务院水行政主管部门授予的水资源管理和监督职责。

县级以上地方人民政府水行政主管部门按照规定的权限,负责本行政区域内水资源的统一管理和监督工作。

第十三条 国务院有关部门按照职责分工,负责水资源开发、利用、节约和保护的有关工作。

县级以上地方人民政府有关部门按照职责分工,负责本行政区域内水资源开发、利用、节约和保护的有关工作。

第二章 水资源规划

第十四条 国家制定全国水资源战略规划。

开发、利用、节约、保护水资源和防治水害,应当按照流域、区域统一制定规划。规划分为流域规划和区域规划。流域规划包括流域综合规划和流域专业规划;区域规划包括区域综合规划和区域专业规划。

前款所称综合规划,是指根据经济社会发展需要和水资源开发利用现状编制的开发、利用、节约、保护水资源和防治水害的总体部署。前款所称专业规划,是指防洪、治涝、灌溉、航运、供水、水力发电、竹木流放、渔业、水资源保护、水土保持、防沙治沙、节约用水等规划。

第十五条 流域范围内的区域规划应当服从流域规划,专业规划应当服从综合规划。

流域综合规划和区域综合规划以及与土地利用关系密切的专业规划,应当与国民经济和社会发展规划以及土地利用总体规划、城市总体规划和环境保护规划相协调,兼顾各地区、各行业的需要。

第十六条 制定规划,必须进行水资源综合科学考察和调查评价。水资源综合科学考察和调查评价,由县级以上人民政府水行政主管部门会同同级有关部门组织进行。

县级以上人民政府应当加强水文、水资源信息系统建设。县级以上人民政府水行政主管部门和流域管理机构应当加强对水资源的动态监测。

基本水文资料应当按照国家有关规定予以公开。

第十七条 国家确定的重要江河、湖泊的流域综合规划,由国务院水行政主管部门会同国务院有关部门和有关省、自治区、直辖市人民政府编制,报国务院批准。跨省、自治区、直辖市的其他江河、湖泊的流域综合规划和区域综合规划,由有关流域管理机构会同江河、湖泊所在地的省、自治区、直辖市人民政府水行政主管部门和有关部门编制,分别经有关省、自治区、直辖市人民政府审查提出意见后,报国务院水行政主管部门审核;国务院水行政主管部门征求国务院有关部门意见后,报国务院或者其授权的部门批准。

前款规定以外的其他江河、湖泊的流域综合规划和区域综合规划,由县级以上地方人民政府水行政主管部门会同同级有关部门和有关地方人民政府编制,报本级人民政府或者其授权的部门批准,并报上一级水行政主管部门备案。

专业规划由县级以上人民政府有关部门编制,征求同级其他有关部门意见后,报本级人民政府批准。其中,防洪规划、水土保持规划的编制、批准,依照防洪法、水土保持法的有关规定执行。

第十八条 规划一经批准,必须严格执行。

经批准的规划需要修改时,必须按照规划编制程序经原批准机关批准。

第十九条 建设水工程,必须符合流域综合规划。在国家确定的重要江河、湖泊和跨省、自治区、直辖市的江河、湖泊上建设水工程,其工程可行性研究报告报请批准前,有关流域管理机构应当对水工程的建设是否符合流域综合规划进行审查并签署意见;在其他江河、湖泊上建设水工程,其工程可行性研究报告报请批准前,县级以上地方人民政府水行政主管部门应当按照管理权限对水工程的建设是否符合流域综合规划进行审查并签署意见。水工程建设涉及防洪的,依照防洪法的有关规定执行;涉及其他地区和行业的,建设单位应当事先征求有关地区和部门的意见。

第三章 水资源开发利用

第二十条 开发、利用水资源,应当坚持兴利与除害相结合,兼顾上下游、左右岸和有关地区之间的利益,充分发挥水资源的综合效益,并服从防洪的总体安排。

第二十一条 开发、利用水资源,应当首先满足城乡居民生活用水,并兼顾农业、工业、生态环境用水以及航运等需要。

在干旱和半干旱地区开发、利用水资源,应当充分考虑生态环境用水需要。

第二十二条 跨流域调水,应当进行全面规划和科学论证,统筹兼顾调出和调入流域的用水需要,防止对生态环境造成破坏。

第二十三条 地方各级人民政府应当结合本地区水资源的实际情况,按照地表水与地下水统一调度开发、开源与节流相结合、节流优先和污水处理再利用的原则,合理组织开发、综合利用水资源。

国民经济和社会发展规划以及城市总体规划的编制、重大建设项目的布局,应当与当地水资源条件和防洪要求相适应,并进行科学论证;在水资源不足的地区,应当对城市规模和建设耗水量大的工业、农业和服务业项目加以限制。

第二十四条 在水资源短缺的地区,国家鼓励对雨水和微咸水的收集、开发、利用和对海水的利用、淡化。

第二十五条 地方各级人民政府应当加强对灌溉、排涝、水土保持工作的领导,促进农业生产发展;在容易发生盐碱化和渍害的地区,应当采取措施,控制和降低地下水的水位。

农村集体经济组织或者其成员依法在本集体经济组织所有的集体土地或者承包土地上投资兴建水工程设施的,按照谁投资建设谁管理和谁受益的原则,对水工程设施及其蓄水进行管理和合理使用。

农村集体经济组织修建水库应当经县级以上地方人民政府水行政主管部门批准。

第二十六条 国家鼓励开发、利用水能资源。在水能丰富的河流,应当有计划地进行多目标梯级开发。

建设水力发电站,应当保护生态环境,兼顾防洪、供水、灌溉、航运、竹木流放和渔业等方面的需要。

第二十七条 国家鼓励开发、利用水运资源。在水生生物洄游通道、通航或者竹木流放的河流上修建永久性拦河闸坝,建设单位应当同时修建过鱼、过船、过木设施,或者经国务院授权的部门批准采取其他补救措施,并妥善安排施工和蓄水期间的水生生物保护、航运和竹木流放,所需费用由建设单位承担。

在不通航的河流或者人工水道上修建闸坝后可以通航的,闸坝建设单位应当同时修建过船设施或者预留过船设施位置。

第二十八条 任何单位和个人引水、截(蓄)水、排水,不得损害公共利益和他人的合法权益。

第二十九条 国家对水工程建设移民实行开发性移民的方针,按照前期补偿、补助与后期扶持相结合的原则,妥善安排移民的生产和生活,保护移民的合法权益。

移民安置应当与工程建设同步进行。建设单位应当根据安置地区的环境容量和可持续发展的原则,因地制宜,编制移民安置规划,经依法批准后,由有关地方人民政府组织实施。所需移民经费列入工程建设投资计划。

第四章 水资源、水域和水工程的保护

第三十条 县级以上人民政府水行政主管部门、流域管理机构以及其他有关部门在制定水资源开发、利用规划和调度水资源时，应当注意维持江河的合理流量和湖泊、水库以及地下水的合理水位，维护水体的自然净化能力。

第三十一条 从事水资源开发、利用、节约、保护和防治水害等水事活动，应当遵守经批准的规划；因违反规划造成江河和湖泊水域使用功能降低、地下水超采、地面沉降、水体污染的，应当承担治理责任。

开采矿藏或者建设地下工程，因疏干排水导致地下水水位下降、水源枯竭或者地面塌陷，采矿单位或者建设单位应当采取补救措施；对他人生活和生产造成损失的，依法给予补偿。

第三十二条 国务院水行政主管部门会同国务院环境保护行政主管部门、有关部门和有关省、自治区、直辖市人民政府，按照流域综合规划、水资源保护规划和经济社会发展要求，拟定国家确定的重要江河、湖泊的水功能区划，报国务院批准。跨省、自治区、直辖市的其他江河、湖泊的水功能区划，由有关流域管理机构会同江河、湖泊所在地的省、自治区、直辖市人民政府水行政主管部门、环境保护行政主管部门和其他有关部门拟定，分别经有关省、自治区、直辖市人民政府审查提出意见后，由国务院水行政主管部门会同国务院环境保护行政主管部门审核，报国务院或者其授权的部门批准。

前款规定以外的其他江河、湖泊的水功能区划，由县级以上地方人民政府水行政主管部门会同同级人民政府环境保护行政主管部门和有关部门拟定，报同级人民政府或者其授权的部门批准，并报上一级水行政主管部门和环境保护行政主管部门备案。

县级以上人民政府水行政主管部门或者流域管理机构应当按照水功能区对水质的要求和水体的自然净化能力，核定该水域的纳污能力，向环境保护行政主管部门提出该水域的限制排污总量意见。

县级以上地方人民政府水行政主管部门和流域管理机构应当对水功能区的水质状况进行监测，发现重点污染物排放总量超过控制指标的，或者水功能区的水质未达到水域使用功能对水质的要求的，应当及时报告有关人民政府采取治理措施，并向环境保护行政主管部门通报。

第三十三条 国家建立饮用水水源保护区制度。省、自治区、直辖市人民政府应当划定饮用水水源保护区，并采取措施，防止水源枯竭和水体污染，保证城乡居民饮用水安全。

第三十四条 禁止在饮用水水源保护区内设置排污口。

在江河、湖泊新建、改建或者扩大排污口，应当经过有管辖权的水行政主管部

门或者流域管理机构同意,由环境保护行政主管部门负责对该建设项目的环境影响报告书进行审批。

第三十五条 从事工程建设,占用农业灌溉水源、灌排工程设施,或者对原有灌溉用水、供水水源有不利影响的,建设单位应当采取相应的补救措施;造成损失的,依法给予补偿。

第三十六条 在地下水超采地区,县级以上地方人民政府应当采取措施,严格控制开采地下水。在地下水严重超采地区,经省、自治区、直辖市人民政府批准,可以划定地下水禁止开采或者限制开采区。在沿海地区开采地下水,应当经过科学论证,并采取措施,防止地面沉降和海水入侵。

第三十七条 禁止在江河、湖泊、水库、运河、渠道内弃置、堆放阻碍行洪的物体和种植阻碍行洪的林木及高秆作物。

禁止在河道管理范围内建设妨碍行洪的建筑物、构筑物以及从事影响河势稳定、危害河岸堤防安全和其他妨碍河道行洪的活动。

第三十八条 在河道管理范围内建设桥梁、码头和其他拦河、跨河、临河建筑物、构筑物,铺设跨河管道、电缆,应当符合国家规定的防洪标准和其他有关的技术要求,工程建设方案应当依照防洪法的有关规定报经有关水行政主管部门审查同意。

因建设前款工程设施,需要扩建、改建、拆除或者损坏原有水工程设施的,建设单位应当负担扩建、改建的费用和损失补偿。但是,原有工程设施属于违法工程的除外。

第三十九条 国家实行河道采砂许可制度。河道采砂许可制度实施办法,由国务院规定。

在河道管理范围内采砂,影响河势稳定或者危及堤防安全的,有关县级以上人民政府水行政主管部门应当划定禁采区和规定禁采期,并予以公告。

第四十条 禁止围湖造地。已经围垦的,应当按照国家规定的防洪标准有计划地退地还湖。

禁止围垦河道。确需围垦的,应当经过科学论证,经省、自治区、直辖市人民政府水行政主管部门或者国务院水行政主管部门同意后,报本级人民政府批准。

第四十一条 单位和个人有保护水工程的义务,不得侵占、毁坏堤防、护岸、防汛、水文监测、水文地质监测等工程设施。

第四十二条 县级以上地方人民政府应当采取措施,保障本行政区域内水工程,特别是水坝和堤防的安全,限期消除险情。水行政主管部门应当加强对水工程安全的监督管理。

第四十三条 国家对水工程实施保护。国家所有的水工程应当按照国务院的规定划定工程管理和保护范围。

国务院水行政主管部门或者流域管理机构管理的水工程,由主管部门或者流域管理机构商有关省、自治区、直辖市人民政府划定工程管理和保护范围。

前款规定以外的其他水工程,应当按照省、自治区、直辖市人民政府的规定,划定工程保护范围和保护职责。

在水工程保护范围内,禁止从事影响水工程运行和危害水工程安全的爆破、打井、采石、取土等活动。

第五章　水资源配置和节约使用

第四十四条　国务院发展计划主管部门和国务院水行政主管部门负责全国水资源的宏观调配。全国的和跨省、自治区、直辖市的水中长期供求规划,由国务院水行政主管部门会同有关部门制订,经国务院发展计划主管部门审查批准后执行。地方的水中长期供求规划,由县级以上地方人民政府水行政主管部门会同同级有关部门依据上一级水中长期供求规划和本地区的实际情况制订,经本级人民政府发展计划主管部门审查批准后执行。

水中长期供求规划应当依据水的供求现状、国民经济和社会发展规划、流域规划、区域规划,按照水资源供需协调、综合平衡、保护生态、厉行节约、合理开源的原则制定。

第四十五条　调蓄径流和分配水量,应当依据流域规划和水中长期供求规划,以流域为单元制定水量分配方案。

跨省、自治区、直辖市的水量分配方案和旱情紧急情况下的水量调度预案,由流域管理机构商有关省、自治区、直辖市人民政府制订,报国务院或者其授权的部门批准后执行。其他跨行政区域的水量分配方案和旱情紧急情况下的水量调度预案,由共同的上一级人民政府水行政主管部门商有关地方人民政府制订,报本级人民政府批准后执行。

水量分配方案和旱情紧急情况下的水量调度预案经批准后,有关地方人民政府必须执行。

在不同行政区域之间的边界河流上建设水资源开发、利用项目,应当符合该流域经批准的水量分配方案,由有关县级以上地方人民政府报共同的上一级人民政府水行政主管部门或者有关流域管理机构批准。

第四十六条　县级以上地方人民政府水行政主管部门或者流域管理机构应当根据批准的水量分配方案和年度预测来水量,制定年度水量分配方案和调度计划,实施水量统一调度;有关地方人民政府必须服从。

国家确定的重要江河、湖泊的年度水量分配方案,应当纳入国家的国民经济和社会发展年度计划。

第四十七条　国家对用水实行总量控制和定额管理相结合的制度。

省、自治区、直辖市人民政府有关行业主管部门应当制订本行政区域内行业用水定额,报同级水行政主管部门和质量监督检验行政主管部门审核同意后,由省、自治区、直辖市人民政府公布,并报国务院水行政主管部门和国务院质量监督检验行政主管部门备案。

县级以上地方人民政府发展计划主管部门会同同级水行政主管部门,根据用水定额、经济技术条件以及水量分配方案确定的可供本行政区域使用的水量,制定年度用水计划,对本行政区域内的年度用水实行总量控制。

第四十八条　直接从江河、湖泊或者地下取用水资源的单位和个人,应当按照国家取水许可制度和水资源有偿使用制度的规定,向水行政主管部门或者流域管理机构申请领取取水许可证,并缴纳水资源费,取得取水权。但是,家庭生活和零星散养、圈养畜禽饮用等少量取水的除外。

实施取水许可制度和征收管理水资源费的具体办法,由国务院规定。

第四十九条　用水应当计量,并按照批准的用水计划用水。

用水实行计量收费和超定额累进加价制度。

第五十条　各级人民政府应当推行节水灌溉方式和节水技术,对农业蓄水、输水工程采取必要的防渗漏措施,提高农业用水效率。

第五十一条　工业用水应当采用先进技术、工艺和设备,增加循环用水次数,提高水的重复利用率。

国家逐步淘汰落后的、耗水量高的工艺、设备和产品,具体名录由国务院经济综合主管部门会同国务院水行政主管部门和有关部门制定并公布。生产者、销售者或者生产经营中的使用者应当在规定的时间内停止生产、销售或者使用列入名录的工艺、设备和产品。

第五十二条　城市人民政府应当因地制宜采取有效措施,推广节水型生活用水器具,降低城市供水管网漏失率,提高生活用水效率;加强城市污水集中处理,鼓励使用再生水,提高污水再生利用率。

第五十三条　新建、扩建、改建建设项目,应当制订节水措施方案,配套建设节水设施。节水设施应当与主体工程同时设计、同时施工、同时投产。

供水企业和自建供水设施的单位应当加强供水设施的维护管理,减少水的漏失。

第五十四条　各级人民政府应当积极采取措施,改善城乡居民的饮用水条件。

第五十五条　使用水工程供应的水,应当按照国家规定向供水单位缴纳水费。供水价格应当按照补偿成本、合理收益、优质优价、公平负担的原则确定。具体办法由省级以上人民政府价格主管部门会同同级水行政主管部门或者其他供水行政主管部门依据职权制定。

第六章 水事纠纷处理与执法监督检查

第五十六条 不同行政区域之间发生水事纠纷的,应当协商处理;协商不成的,由上一级人民政府裁决,有关各方必须遵照执行。在水事纠纷解决前,未经各方达成协议或者共同的上一级人民政府批准,在行政区域交界线两侧一定范围内,任何一方不得修建排水、阻水、取水和截(蓄)水工程,不得单方面改变水的现状。

第五十七条 单位之间、个人之间、单位与个人之间发生的水事纠纷,应当协商解决;当事人不愿协商或者协商不成的,可以申请县级以上地方人民政府或者其授权的部门调解,也可以直接向人民法院提起民事诉讼。县级以上地方人民政府或者其授权的部门调解不成的,当事人可以向人民法院提起民事诉讼。

在水事纠纷解决前,当事人不得单方面改变现状。

第五十八条 县级以上人民政府或者其授权的部门在处理水事纠纷时,有权采取临时处置措施,有关各方或者当事人必须服从。

第五十九条 县级以上人民政府水行政主管部门和流域管理机构应当对违反本法的行为加强监督检查并依法进行查处。

水政监督检查人员应当忠于职守,秉公执法。

第六十条 县级以上人民政府水行政主管部门、流域管理机构及其水政监督检查人员履行本法规定的监督检查职责时,有权采取下列措施:

(一)要求被检查单位提供有关文件、证照、资料;

(二)要求被检查单位就执行本法的有关问题作出说明;

(三)进入被检查单位的生产场所进行调查;

(四)责令被检查单位停止违反本法的行为,履行法定义务。

第六十一条 有关单位或者个人对水政监督检查人员的监督检查工作应当给予配合,不得拒绝或者阻碍水政监督检查人员依法执行职务。

第六十二条 水政监督检查人员在履行监督检查职责时,应当向被检查单位或者个人出示执法证件。

第六十三条 县级以上人民政府或者上级水行政主管部门发现本级或者下级水行政主管部门在监督检查工作中有违法或者失职行为的,应当责令其限期改正。

第七章 法律责任

第六十四条 水行政主管部门或者其他有关部门以及水工程管理单位及其工作人员,利用职务上的便利收取他人财物、其他好处或者玩忽职守,对不符合法定条件的单位或者个人核发许可证、签署审查同意意见,不按照水量分配方案分配水量,不按照国家有关规定收取水资源费,不履行监督职责,或者发现违法行为不予查处,造成严重后果,构成犯罪的,对负有责任的主管人员和其他直接责任人员依照刑法的有关规定追究刑事责任;尚不够刑事处罚的,依法给予行政处分。

第六十五条 在河道管理范围内建设妨碍行洪的建筑物、构筑物,或者从事影响河势稳定、危害河岸堤防安全和其他妨碍河道行洪的活动的,由县级以上人民政府水行政主管部门或者流域管理机构依据职权,责令停止违法行为,限期拆除违法建筑物、构筑物,恢复原状;逾期不拆除、不恢复原状的,强行拆除,所需费用由违法单位或者个人负担,并处一万元以上十万元以下的罚款。

未经水行政主管部门或者流域管理机构同意,擅自修建水工程,或者建设桥梁、码头和其他拦河、跨河、临河建筑物、构筑物,铺设跨河管道、电缆,且防洪法未作规定的,由县级以上人民政府水行政主管部门或者流域管理机构依据职权,责令停止违法行为,限期补办有关手续;逾期不补办或者补办未被批准的,责令限期拆除违法建筑物、构筑物;逾期不拆除的,强行拆除,所需费用由违法单位或者个人负担,并处一万元以上十万元以下的罚款。

虽经水行政主管部门或者流域管理机构同意,但未按照要求修建前款所列工程设施的,由县级以上人民政府水行政主管部门或者流域管理机构依据职权,责令限期改正,按照情节轻重,处一万元以上十万元以下的罚款。

第六十六条 有下列行为之一,且防洪法未作规定的,由县级以上人民政府水行政主管部门或者流域管理机构依据职权,责令停止违法行为,限期清除障碍或者采取其他补救措施,处一万元以上五万元以下的罚款:

(一)在江河、湖泊、水库、运河、渠道内弃置、堆放阻碍行洪的物体和种植阻碍行洪的林木及高秆作物的;

(二)围湖造地或者未经批准围垦河道的。

第六十七条 在饮用水水源保护区内设置排污口的,由县级以上地方人民政府责令限期拆除、恢复原状;逾期不拆除、不恢复原状的,强行拆除、恢复原状,并处五万元以上十万元以下的罚款。

未经水行政主管部门或者流域管理机构审查同意,擅自在江河、湖泊新建、改建或者扩大排污口的,由县级以上人民政府水行政主管部门或者流域管理机构依据职权,责令停止违法行为,限期恢复原状,处五万元以上十万元以下的罚款。

第六十八条 生产、销售或者在生产经营中使用国家明令淘汰的落后的、耗水量高的工艺、设备和产品的,由县级以上地方人民政府经济综合主管部门责令停止生产、销售或者使用,处二万元以上十万元以下的罚款。

第六十九条 有下列行为之一的,由县级以上人民政府水行政主管部门或者流域管理机构依据职权,责令停止违法行为,限期采取补救措施,处二万元以上十万元以下的罚款;情节严重的,吊销其取水许可证:

(一)未经批准擅自取水的;

(二)未依照批准的取水许可规定条件取水的。

第七十条　拒不缴纳、拖延缴纳或者拖欠水资源费的,由县级以上人民政府水行政主管部门或者流域管理机构依据职权,责令限期缴纳;逾期不缴纳的,从滞纳之日起按日加收滞纳部分千分之二的滞纳金,并处应缴或者补缴水资源费一倍以上五倍以下的罚款。

第七十一条　建设项目的节水设施没有建成或者没有达到国家规定的要求,擅自投入使用的,由县级以上人民政府有关部门或者流域管理机构依据职权,责令停止使用,限期改正,处五万元以上十万元以下的罚款。

第七十二条　有下列行为之一,构成犯罪的,依照刑法的有关规定追究刑事责任;尚不够刑事处罚,且防洪法未作规定的,由县级以上地方人民政府水行政主管部门或者流域管理机构依据职权,责令停止违法行为,采取补救措施,处一万元以上五万元以下的罚款;违反治安管理处罚条例的,由公安机关依法给予治安管理处罚;给他人造成损失的,依法承担赔偿责任:

（一）侵占、毁坏水工程及堤防、护岸等有关设施,毁坏防汛、水文监测、水文地质监测设施的;

（二）在水工程保护范围内,从事影响水工程运行和危害水工程安全的爆破、打井、采石、取土等活动的。

第七十三条　侵占、盗窃或者抢夺防汛物资,防洪排涝、农田水利、水文监测和测量以及其他水工程设备和器材,贪污或者挪用国家救灾、抢险、防汛、移民安置和补偿及其他水利建设款物,构成犯罪的,依照刑法的有关规定追究刑事责任。

第七十四条　在水事纠纷发生及其处理过程中煽动闹事、结伙斗殴、抢夺或者损坏公私财物、非法限制他人人身自由,构成犯罪的,依照刑法的有关规定追究刑事责任;尚不够刑事处罚的,由公安机关依法给予治安管理处罚。

第七十五条　不同行政区域之间发生水事纠纷,有下列行为之一的,对负有责任的主管人员和其他直接责任人员依法给予行政处分:

（一）拒不执行水量分配方案和水量调度预案的;

（二）拒不服从水量统一调度的;

（三）拒不执行上一级人民政府的裁决的;

（四）在水事纠纷解决前,未经各方达成协议或者上一级人民政府批准,单方面违反本法规定改变水的现状的。

第七十六条　引水、截（蓄）水、排水,损害公共利益或者他人合法权益的,依法承担民事责任。

第七十七条　对违反本法第三十九条有关河道采砂许可制度规定的行政处罚,由国务院规定。

第八章 附 则

第七十八条 中华人民共和国缔结或者参加的与国际或者国境边界河流、湖泊有关的国际条约、协定与中华人民共和国法律有不同规定的,适用国际条约、协定的规定。但是,中华人民共和国声明保留的条款除外。

第七十九条 本法所称水工程,是指在江河、湖泊和地下水源上开发、利用、控制、调配和保护水资源的各类工程。

第八十条 海水的开发、利用、保护和管理,依照有关法律的规定执行。

第八十一条 从事防洪活动,依照防洪法的规定执行。

水污染防治,依照水污染防治法的规定执行。

第八十二条 本法自2002年10月1日起施行。

9.2 北京市城市节约用水条例(21号公告)

北京市人民代表大会常务委员会
公 告
第 21 号

《北京市城市节约用水条例》已由北京市第九届人民代表大会常务委员会第二十九次会议于1991年9月14日通过,现予公布,自1991年11月1日起施行。

1991年9月14日

北京市城市节约用水条例

第一章 总 则

第一条 为加强本市节约用水管理,科学合理利用水资源,建设节水型城市,根据《中华人民共和国水法》和国家有关法律、法规的规定,结合本市实际情况,制定本条例。

第二条 本条例适用于本市城区、近郊区和远郊区县人民政府所在地的城镇、工矿区以及1990年1月底以前设立的建制镇。

上述范围内使用公共供水或者以自备井取用地下水的机关、团体、部队、企业、事业单位(以下简称用水单位)和个人,都必须遵守本条例。

第三条 城市供水应当优先保障城市居民生活用水,统筹兼顾工业和其他用水。

第四条 各级人民政府应当加强对城市节约用水工作的领导,把节约用水纳入国民经济和社会发展计划。

城市规划设计部门应当根据《北京城市建设总体规划方案》的要求,将节约用水纳入专业规划和详细规划。

第五条 本市实行计划用水,厉行节约用水。对新增用水实行总量控制,严格限制耗水量大的建设项目,对各行业和居民生活用水逐步实行定额管理。

第六条 本市鼓励和支持城市节约用水科学技术研究和节约用水设施、设备、器具的研制开发;推广应用先进技术,提高节约用水科学技术水平。

用水单位应当积极采用节约用水的先进技术,努力降低水的消耗量,提高水的重复利用率。

第七条 各级人民政府应当严格保护现有水资源,积极养蓄地下水资源;按照有关规定加强不同层次的污水处理设施建设,提高污水资源化水平。

第八条 北京市市政管理委员会是城市节约用水的主管机关,由市公用局组成市节约用水办公室,负责日常工作。

区、县人民政府设立节约用水办公室,按照职责分工负责管理本区、县范围内的城市节约用水工作,业务上受市节约用水办公室的指导。

各行业行政主管部门按照职责分工负责管理本行业的节约用水工作,业务上受市节约用水办公室的监督。

第九条 各级人民政府、各行业行政主管部门和各用水单位,应当深入开展节约用水宣传教育,提高公民的节约用水意识。

第十条 任何单位和个人都必须遵守国家和本市有关节约用水的法律、法规,并有权对违反本条例的行为进行检举。

第十一条 对在城市节约用水科学技术研究中有创造发明的,或者推广应用先进技术成效显著的,以及在节约用水管理工作中成绩突出、效果显著的单位和个人,由人民政府或者城市节约用水管理部门给予表彰和奖励。

第二章 建设项目用水管理

第十二条 建设项目包括新建、改建、扩建工程,应当采用节水型的工艺、设备和器具,必须建设相应的节约用水设施,并与主体工程同时设计、同时施工、同时投产使用。

第十三条 计划部门在审查建设项目设计任务书和城市规划管理部门在审查建设项目规划设计方案时,应当有城市节约用水管理部门参与意见。对节约用水方案有重大争议的,报同级人民政府审核决定。

第十四条 建设单位建设节约用水设施必须按照批准的设计方案进行,保证工程质量。设计方案确需变更的,须报原审批部门批准。

第十五条　建设项目的节约用水设施竣工后,建设单位应当向城市节约用水管理部门申报验收;验收不合格的,建设项目不得投产使用。

第十六条　新建宾馆、饭店、公寓、大型文化体育设施和机关、大专院校、科研单位用房以及规划要求配套建设中水设施的居住区、居住小区,应当按照规定建设中水设施。具体标准由市人民政府规定。

第十七条　严格控制自备井的开凿。确需开凿自备井的,须经城市规划管理部门审核批准,取得凿井许可证后方可进行。原有自备井的报废和更新也必须向城市规划管理部门办理报批手续。

自备井竣工后,须由城市规划管理部门、城市节约用水管理部门验收合格后,由城市节约用水管理部门发给自备井使用证方可使用。

使用自备井的,应当按照规定缴纳地下水资源费和地下水资源养蓄基金。

第三章　生产、生活用水管理

第十八条　城市用水实行计划管理。每个年度由市城市节约用水管理部门综合提出用水计划,经市人民政府批准后,由市、区、县城市节约用水管理部门按照各自的管辖范围,向各用水单位下达年度计划用水指标。

对超计划用水的,实行超计划累进加价收费。具体办法由市人民政府制定。

第十九条　计划用水指标实行分级审定和考核。月用水量3000立方米以上或者使用自备井的单位,由市城市节约用水管理部门进行审定和考核;月用水量不满3000立方米的单位,由所在区、县城市节约用水管理部门或者有关行政主管部门按照各自职责进行审定和考核。

第二十条　用水单位必须加强用水管理,指定主管机构或人员具体负责节约用水工作;企业应当把节约用水措施纳入企业技术改造计划。

第二十一条　用水单位应当进行合理用水分析,用水量大的单位应当进行水量平衡测试,发现浪费,必须及时整治改进。

第二十二条　城市供水企业、自建供水设施的单位和房屋管理单位应当按照各自的职责范围,加强对供水、用水设施、设备和器具的管理、维修、保养,防止跑水、冒水、滴水、漏水。

第二十三条　空调冷却水、设备冷却水应当循环使用,不得直接排放;不得使用国家和本市明令淘汰的用水器具;未经批准不得擅自停止使用节约用水设施。

第二十四条　城市居民生活用水,应当按户计量收费,不得实行用水包费制。

第二十五条　工程施工、园林绿化、环境卫生等临时用水,必须向城市节约用水管理部门申报临时用水指标,经批准后,由供水部门计量收费。

第二十六条　城市节约用水管理部门应当加强对用水单位的监督管理,帮助和指导用水单位改进节约用水工作;对维护管理不善或者设备陈旧造成浪费的,有权要求其限期整治,采取节约用水措施。

第二十七条 城市用水总需求超过总供给能力时,为确保城市居民生活用水,经市人民政府批准,市城市节约用水管理部门可以对部分用水单位采取限制用水措施。

第二十八条 城市节约用水管理部门按照规定收缴的地下水资源费、地下水资源养蓄基金、超计划用水加价水费以及罚款,必须上缴财政,由人民政府统筹安排使用。

第四章 法律责任

第二十九条 违反本条例规定,有下列行为之一的,由城市节约用水管理部门根据情节,给予警告或者限期改正、扣减用水指标,可以并处罚款,情节特别严重的经市人民政府批准可以停止供水:

(一)节约用水设施未与主体工程同时设计、同时施工、同时投产使用的;

(二)建设项目的节约用水设施未经验收或者验收不合格擅自投产使用的;

(三)未进行水量平衡测试或者发现浪费用水不及时整治的;

(四)因供水或者用水设施、设备、器具失修、失养,造成跑水、冒水、滴水、漏水,浪费严重的;

(五)空调冷却水和设备冷却水直接排放、使用明令淘汰的用水器具、擅自停止使用节约用水设施的;

(六)对居民生活用水实行包费制的;

(七)未申报临时用水指标的;

(八)维护管理不善或者设备陈旧浪费用水逾期不整治的。

第三十条 严重浪费用水的,除按照第二十九条规定对单位予以处罚外,对直接责任人员,由所在单位追究行政责任。

第三十一条 违反本条例第十七条第二款规定,无自备井使用证擅自取用地下水的,由市城市节约用水管理部门报市人民政府批准后,责令其封井,并处以罚款。

第三十二条 由于发生责任事故或者其他行为造成供水设施、设备损坏,致使大量跑水的,除由责任者赔偿损失外,并由城市节约用水管理部门予以处罚。

第三十三条 罚款不满1000元的,由区、县城市节约用水管理部门决定;罚款2000元以上,不满20000元的,报区、县人民政府批准后执行。

罚款不满50000元的,由市城市节约用水管理部门决定;罚款50000元以上的,报市人民政府批准后执行。

第三十四条 本章规定的行政处罚,具体办法由市人民政府制定。

第三十五条 当事人对行政处罚决定不服的,可以在接到处罚通知之日起15

日内,向作出处罚决定的机关的上一级机关申请复议;对复议决定不服的,可以在接到复议决定之日起 15 日内,向人民法院提起诉讼。当事人也可以在接到处罚通知之日起 15 日内,直接向人民法院提起诉讼。

第三十六条 城市节约用水管理部门的工作人员应当忠于职守,秉公执法。对玩忽职守、滥用职权、徇私舞弊的,由其所在单位或者上级主管机关给予行政处分;构成犯罪的,依法追究刑事责任。

第五章 附 则

第三十七条 农村节约用水办法,另行规定。

第三十八条 本条例具体应用中的问题,由市市政管理委员会负责解释。

第三十九条 本条例自 1991 年 11 月 1 日起施行。

9.3 北京市建设项目节约用水设施与主体工程同时建设管理办法

北京市人民政府发布《北京市建设项目节约用水设施与主体工程同时建设管理办法》的通知

京政发[1988]85 号

现发布《北京市建设项目节约用水设施与主体工程同时建设管理办法》,自 1988 年 10 月 1 日起施行。

1988 年 9 月 21 日

北京市建设项目节约用水设施与主体工程同时建设管理办法

第一条 为促进合理用水,节约用水,根据《北京市城市节约用水条例》和国家其他有关规定,制定本办法。

第二条 本市行政区域内新建、改建、扩建的建设项目(包括技术改造项目,以下统称建设项目),应当采用节约用水的先进技术,降低水的消耗量,提高水的重复利用率,必须选用和建设节约设施(以下简称节水设施)。

建设项目的节水设施必须与主体工程同时设计、同时施工、同时投产使用(以下简称"三同时")。

第三条 市、区、县节约用水办公室主管本市建设项目节水设施"三同时"的审查和监督管理工作。各级计划、规划管理、城市建设等部门和建设单位的主管部门,应按照各自职责,做好建设项目节水设施"三同时"的监督管理工作。

第四条 建设项目节水设施"三同时",按建成投产使用后的用水量,实行分级监督管理:月平均用水量在3000吨以上的,由市节约用水办公室审查和监督管理;月平均用水量不满3000吨的,由项目所在地的区、县节约用水办公室审查和监督管理。

第五条 建设项目立项前,建设单位在申报立项的同时,将项目建议书抄送节约用水办公室。

第六条 在建设项目的可行性研究阶段,建设单位应提出节水设施用水计划,报节约用水办公室审查批准。未经批准的,计划部门或建设单位的上级主管部门不批准建设项目计划任务书。

第七条 建设项目的初步设计方案,必须有节水设施的设计篇章,其主要内容应包括设计依据、所采用的节水设施及其预期效果。节水设施的设计篇章应报节约用水办公室审查批准。未经批准的,规划管理部门不发给建设工程规划许可证。

第八条 施工单位必须严格按照节水设施的设计进行施工,保证节水设施的工程质量。节水设施的设计确需变更的,须经节约用水办公室批准。

第九条 节水设施竣工,应向节约用水办公室申报验收。验收合格的,由节约用水办公室通知供水部门供水。节水设施验收不合格的,建设项目不得投产使用,供水部门不予供水,使用自备井的,由节约用水办公室封井。

第十条 建设项目的节水设施必须与主体工程同时投产使用,未同时投产使用造成浪费用水的,由节约用水办公室按《北京市城镇用水浪费处罚规则》予以处罚,并提请主管部门追究直接责任人员的行政责任。

第十一条 建设单位未按本办法申报审批的,由节约用水办公室限期补办申报审批手续,并视情节轻重,处以责任单位5000元以下罚款。

第十二条 节约用水办公室应自接到建设单位报送的节水设施用水计划之日起10日内给予批复;自接到节水设施的设计篇章之日起一个月内给予批复;逾期未批复的,视为同意。

第十三条 节约用水办公室的工作人员在执行本办法中,玩忽职守、徇私舞弊,尚未构成犯罪的,由其所在单位或上级主管部门给予行政处分;构成犯罪的,移送司法机关追究刑事责任。

第十四条 本办法执行中的具体问题,由市节约用水办公室负责解释。

第十五条 本办法自1988年10月1日起施行。

9.4 关于进一步加强用水器具监督管理工作的通告

北京市市政管理委员会
北京市规划委员会
北京市建设委员会
北京市质量技术监督局

通告第 1 号

关于进一步加强用水器具监督管理工作的通告

为进一步加大节水器具推广应用工作力度,缓解北京市水资源紧缺的状况,创建节水型城市,促进首都城市的可持续发展,根据《城市房屋便器水箱应用监督管理办法》(建设部 1992 年第 17 号令)、《关于住宅建设中淘汰落后产品的通知》(建住房[1999]295 号文)等规定,明令淘汰螺旋升降式铸铁水龙头、铸铁截止阀、进水口低于水面的卫生洁具水箱配件、上导向直落式便器水箱配件、每次冲水量超过 9 升的便器及水箱。现对加强用水器具生产、销售、安装、使用等环节监督管理工作的有关事项通告如下:

一、本市各行政主管部门和监督执法部门应当按照各自的职责分工,加强对房屋用水器具生产、销售及设计、施工、安装、使用等全过程的监督管理。

二、各生产、经销单位不得生产、经销明令淘汰的用水器具。质量技术监督局负责对生产、流通领域进行监督检查,对生产、经销明令淘汰的用水器具的行为,将依据有关产品质量的法律、法规及《北京市节约用水若干规定》进行行政处罚。

三、新建、改建和扩建项目要加强对用水器具的审查和监督管理工作。设计单位在房屋设计中不得选用明令淘汰的用水器具。对于违反规定的应予追究处罚。在新建住宅中,应安装、使用 6 升水便器配套系统,并提倡使用两档式便器水箱及配件。市规划委员会负责制定相应的设计规范,并强制执行。

四、加强对建设工程材料采购、使用的监督管理。本市各建设工程禁止采购和使用明令淘汰的产品。对违反规定,采购和使用明令淘汰产品的建设项目,建设行政主管部门不进行工程验收备案,并按有关规定进行处罚。

五、对违反规定,采购和使用明令淘汰产品的建设项目,节水管理部门不予核定用水计划,供水部门不予供水,市市政管理委员会负责监督执行。

六、对房屋建筑中已安装的淘汰产品,有关房屋管理单位或产权单位(产权人)必须制定改造计划,逐步加以实施。

（一）对于公共建筑中仍安装使用上导向直落式便器水箱配件的，节水部门要对产权单位进行处罚。对于现有住宅内安装使用上导向直落式便器水箱配件的，节水管理部门依据《城市房屋便器水箱应用监督管理办法》对建设单位进行处罚。

（二）2000年12月20前竣工的公共建筑内的水龙头和便器水箱配件，凡属淘汰的产品应在2001年12月31日前完成改造。螺旋升降式铸铁水龙头必须更换为节水型龙头；便器水箱配件应调整为每次冲洗用水量不超过9升，有条件的应使用两档式便器水箱配件。节水管理部门负责监督检查，对逾期不改的按《北京市节约用水若干规定》进行处罚。

（三）企、事业单位及社会服务性的公共浴室必须安装使用节水型淋浴器。凡未使用节水型淋浴器的必须在年内完成改造工作，节水管理部门负责监督检查。对未完成改造工作的单位，将核减其用水计划。

（四）2000年12月20日前竣工的住宅，物业管理、房屋维修部门、产权单位（产权人）要结合房屋的维修和装修，采用更换配件、局部改造等方式根治漏水，达到分档冲洗、节约用水的目的，节水管理部门负责监督检查。

各有关单位要积极做好节水型用水器具的推广普及工作。

本通告自发布之日起执行。

二〇〇一年七月二日

附录1 中华人民共和国法定计量单位

我国的法定计量单位(以下简称法定单位)包括:
(1) 国际单位制的基本单位(见表1);
(2) 国际单位制的辅助单位(见表2);
(3) 国际单位制中具有专门名称的导出单位(见表3);
(4) 国家选定的非国际单位制单位(见表4);
(5) 由以上单位构成的组合形式的单位;
(6) 由词头和以上单位所构成的十进倍数和分数单位词头(见表5)。

国际单位制的基本单位 表1

量的名称	单位名称	单位符号	量的名称	单位名称	单位符号
长度	米	m	热力学温度	开[尔文]	K
质量	千克(公斤)	kg	物质的量	摩[尔]	mol
时间	秒	s	发光强度	坎[德拉]	cd
电流	安[培]	A			

国际单位制的辅助单位 表2

量的名称	单位名称	单位符号	量的名称	单位名称	单位符号
平面角	弧度	rad	立体角	球面度	sr

国际单位制中具有专门名称的导出单位 表3

量的名称	单位名称	单位符号	其他表示示例
频率	赫[兹]	Hz	s^{-1}
力;重力	牛[顿]	N	$kg \cdot m/s^2$
压力,压强;应力	帕[斯卡]	Pa	N/m^2
能量;功;热	焦[耳]	J	$N \cdot m$
功率;辐射通量	瓦[特]	W	J/s
电荷量	库[仑]	C	$A \cdot s$
电位;电压;电动势	伏[特]	V	W/A
电容	法[拉]	F	C/V
电阻	欧[姆]	Ω	V/A

续表

量的名称	单位名称	单位符号	其他表示示例
电导	西[门子]	S	A/V
磁通量	韦[伯]	Wb	V·s
磁通量密度,磁感应强度	特[斯拉]	T	Mb/m²
电感	亨[利]	H	Wb/A
摄氏温度	摄氏度	℃	
光通量	流[明]	lm	cd·sr
光照度	勒[克斯]	lx	lm/m²
放射性活度	贝可[勒尔]	Bq	s^{-1}
吸收剂量	戈[瑞]	Gy	J/kg
剂量当量	希[沃特]	Sv	J/kg

国家选定的非国际单位制单位　　　表4

量的名称	单位名称	单位符号	换算关系和说明
时间	分	min	1min=60s
	[小]时	h	1h=60min=3600s
	天(日)	d	1d=24h=86400s
平面角	[角]秒	(″)	1″=(π/648 000)rad (π 为圆周率)
	[角]分	(′)	1′=60″=(π/10800)rad
	度	(°)	1°=60′=(π/180)rad
旋转速度	转每分	r/min	1r/min=(1/60)s^{-1}
长度	海里	n mile	1n mile=1852 m(只用于航程)
速度	节	kn	1kn=1n mile/h=(1852/3600) m/s(只用于航行)
质量	吨	t	1 t=10^3 kg
	原子质量单位	u	1u≈1.6605655×10^{-27} kg
体积	升	L,(l)	1L=1dm^3=10^{-3} m^3
能	电子伏	eV	1eV≈1.602 189 2×10^{-19} J
级差	分贝	dB	
线密度	特[克斯]	tex	1tex=1g/km

用于构成十进倍数和分数单位的词头　　　　表 5

所表示的因数	词头名称	词头符号	所表示的因数	词头名称	词头符号
10^{18}	艾[可萨]	E	10^{-1}	分	d
10^{15}	拍[它]	P	10^{-2}	厘	c
10^{12}	太[拉]	T	10^{-3}	毫	m
10^{9}	吉[咖]	G	10^{-6}	微	μ
10^{6}	兆	M	10^{-9}	纳[诺]	n
10^{3}	千	k	10^{-12}	皮[可]	p
10^{2}	百	h	10^{-15}	飞[母托]	f
10^{1}	十	da	10^{-18}	阿[托]	a

注：1. 周、月、年(年的符号为 a)，为一般常用时间单位。

2. [ ]内的字，是在不致混淆的情况下，可以省略的字。

3. ( )内的字为前者的同义语。

4. 角度单位度分秒的符号不处于数字后时，用括弧。

5. 升的符号中，小写字母 l 为备用符号。

6. r 为"转"的符号。

7. 人民生活和贸易中，质量习惯称为重量。

8. 公里为千米的俗称，符号为 km。

9. 10^4 称为万，10^8 称为亿，10^{12} 称为万亿，这类数词的使用不受词头名称的影响，但不应与词头混淆。

附录2 习用非法定计量单位与法定计量单位换算关系表

量的名称	习用非法定计量单位		法定计量单位		单位换算关系
	名称	符号	名称	符号	
力	千克力	kgf	牛顿	N	1 kgf=9.806 65 N
	吨力	tf	千牛顿	kN	1tf=9.80665kN
线分布力	千克力每米	kgf/m	牛顿每米	N/m	1 kgf/m=9.80665N/m
	吨力每米	tf/m	千牛顿每米	kN/m	1tf/m=9.80665 kN/m
面分布力、压强	千克力每平方米	kgf/m²	牛顿每平方米（帕斯卡）	N/m² (Pa)	1kgf/m²=9.80665N/m²(Pa)
	吨力每平方米	tf/m²	千牛顿每平方米（千帕斯卡）	kN/m² (kPa)	1 kgf/m²=9.80665N/m²(Pa)
	标准大气压	atm	兆帕斯卡	MPa	1 atm=0.101325MPa
	工程大气压	at	兆帕斯卡	MPa	1at=0.0980665MPa
	毫米水柱	mmH$_2$O	帕斯卡	Pa	1mmH$_2$O=9.80665Pa（按水的密度为1g/cm²计）
	毫米汞柱	mmHg	帕斯卡	Pa	1mmHg=133.322Pa
	巴	bar	帕斯卡	Pa	1bar=10^{5}Pa
体分布力	千克力每立方米	kgf/m³	牛顿每立方米	N/m³	1kgf/m³=9.80665N/m³
	吨力每立方米	tf/m³	千牛顿每立方米	kN/m³	1tf/m³=9.80665kN/m³
力矩、变矩、扭矩、力偶矩、转矩	千克力米	kgf·m	牛顿米	N·m	1kgf·m=9.80665N·m
	吨力米	tf·m	千牛顿米	kN·m	1tf·m=9.80665kN·m
双弯矩	千克力二次方米	kgf·m²	牛顿二次方米	N·m²	1kgf·m²=9.80665N·m²
	吨力二次方米	tf·m²	千牛顿二次方米	kN·m²	1tf·m²=9.80665kN·m²
应力、材料强度	千克力每平方毫米	kgf/mm²	兆帕斯卡	MPa	1kgf/mm²=9.80665MPa
	千克力每平方厘米	kgf/cm²	兆帕斯卡	MPa	1kgf/cm²=0.0980665MPa
	吨力每平方米	tf/m²	千帕斯卡	kPa	1tf/m²=9.80665kPa
弹性模量、剪变模量、压缩模量	千克力每平方厘米	kgf/cm²	兆帕斯卡	MPa	1kgf/cm²=0.0980665MPa

续表

量的名称	习用非法定计量单位 名称	习用非法定计量单位 符号	法定计量单位 名称	法定计量单位 符号	单位换算关系
压缩系数	平方厘米每千克力	cm²/kgf	每兆帕斯卡	MPa⁻¹	1cm²/kgf=(1/0.0980665)MPa⁻¹
地基抗力刚度系数	吨力每三次方米	tf/m³	千牛顿每三次方米	kN/m³	1tf/m³=9.80665kN/m³
地基抗力比例系数	吨力每四次方米	tf/m⁴	千牛顿每四次方米	kN/m⁴	1tf/m⁴=9.80665kN/m⁴
功、能、热量	千克力米	kgf·m	焦耳	J	1kgf·m=9.80665J
功、能、热量	吨力米	tf·m	焦耳	kJ	1tf·m=9.80665kJ
功、能、热量	立方厘米标准大气压	cm³·atm	焦耳	J	1cm³·atm=0.101325J
功、能、热量	升标准大气压	L·atm	焦耳	J	1L·atm=101.325J
功、能、热量	升工程大气压	L·at	焦耳	J	1L·at=98.0665J
功、能、热量	国际蒸汽表卡	cal	焦耳	J	1cal=4.1868J
功、能、热量	热化学卡	cal_th	焦耳	J	1cal_th=4.184J
功、能、热量	15℃卡	cal₁₅	焦耳	J	1cal₁₅=4.1855J
功率	千克力米每秒	kgf·m/s	瓦特	W	1kgf·m/s=9.80665W
功率	国际蒸汽表卡每秒	cal/s	瓦特	W	1cal/s=4.1868W
功率	千卡每小时	kcal/h	瓦特	W	1kcal/h=1.163W
功率	热化学卡每秒	cal_th/s	瓦特	W	1cak_th/s=4.184W
功率	升标准大气压每秒	L·atm/s	瓦特	W	1L·atm/s=101.325W
功率	升工程大气压每秒	L·at/s	瓦特	W	1L·at/s=98.0665W
功率	米制马力		瓦特	W	1 米制马力=735.499W
功率	电工马力		瓦特	W	1 电工马力=746W
功率	锅炉马力		瓦特	W	1 锅炉马力=9809.5W
动力粘度	千克力秒每平方米	kgf·s/m²	帕斯卡秒	Pa·s	1kgf·s/m²=9.80665Pa·s
动力粘度	泊	P	帕斯卡秒	Pa·s	1P=0.1Pa·s
运动粘度	斯托克斯	St	二次方米每秒	m²/s	1St=10⁻⁴m²/s
发热量	千卡每立方米	kcal/m³	千焦耳每立方米	kJ/m³	1kcal/m³=4.1868kJ/m³
发热量	热化学千卡每立方米	kcal_th/m³	千焦耳每立方米	kJ/m³	1kcal_th/m³=4.184kJ/m³
汽化热	千卡每千克	kcal/kg	千焦耳每千克	kJ/kg	1kcal/kg=4.1868kJ/kg
热负荷	千卡每小时	kcal/h	瓦特	W	1kcal/h=1.163W
热强度、容积热负荷	千卡每立方米小时	kcal/(m³·h)	瓦特每立方米	W/m³	1kcal/(m³·h)=1.163W/m³

续表

量的名称	习用非法定计量单位		法定计量单位		单位换算关系
	名称	符号	名称	符号	
热流密度	卡每平方厘米秒	cal/(cm²·s)	瓦特每平方米	W/m²	1cal(cm²·s)=41868W/m²
	千卡每平方米小时	kcal/(m²·h)	瓦特每平方米	W/m²	1kcal/(m²·h)=1.163W/m²
比热容	千卡每千克摄氏度	kcal/(kg·℃)	千焦耳每千克开尔文	kJ/(kg·K)	1kcal/(kg·℃)=4.1868kJ/(kg·K)
	热化学千卡每千克摄氏度	kcal$_{th}$/(kg·℃)	千焦耳每立方米开尔文	kJ/(kg·K)	1kcal$_{th}$/(kg·℃)=4.184kJ/(kg·K)
体积热容	千卡每立方米摄氏度	kcal/(m³·℃)	千焦耳每立方米开尔文	kJ/(m³·K)	1kcal/(m³·℃)=4.1868kJ/(m³·K)
	热化学千卡每立方米摄氏度	kcal$_{th}$/(m³·℃)	千焦耳每立方米开尔文	kJ/(m³·K)	1kcal$_{th}$/(m³·℃)=4.184kJ/(m³·K)
传热系数	卡每平方厘米秒摄氏度	cal/(cm²·s·℃)	瓦特每方米开尔文	W/(m²·K)	1cal/(cm²·s·℃)=41868W/(m²·K)
	千卡每平方米小时摄氏度	kcal/(m²·h·℃)	瓦特每平方米开尔文	W/(m²·K)	1kcal/(m²·h·℃)=1.163W/(m²·K)
导热系数	卡每厘米秒摄氏度	cal/(cm·s·℃)	瓦特每米开尔文	W/(m·K)	1cal/(m·h·℃)=418.68W/(m/K)
	千卡每米小时摄氏度	kcal/(m·h·℃)	瓦特每米开尔文	W/(m·K)	1kcal/(m·h·℃)=1.163W/(m·K)
热阻率	厘米秒摄氏度每卡	cm·s·℃/cal	米开尔文每瓦特	m·K/W	1cm·s·℃/cal=(1/418.68)m·K/W
	米小时摄氏度每千卡	m·h·℃/kcal	米开尔文每瓦特	m·K/W	1m·h·℃/kcal=(1/1.163)m·K/W
光照度	辐透	ph	勒克斯	lx	1 ph=10⁴lx
光亮度	熙提	sb	坎德拉每平方米	cd/m²	1sd=10⁴cd/m²
	亚熙提	asb	坎德拉每平方米	cd/m²	1asb=(1/π)cd/m²
	朗伯	la	坎德拉每平方米	cd/m²	1la=(10⁴/π)cd/m²
声压	微巴	μbar	帕斯卡	Pa	1μbar=10⁻¹Pa
声能密度	尔格每立方厘米	erg/cm³	焦耳每立方米	J/m³	1erg/cm³=10⁻¹J/m³
声功率	尔格每秒	erg/s	瓦特	W	1erg/s=10⁻⁷W

续表

量的名称	习用非法定计量单位		法定计量单位		单位换算关系
	名称	符号	名称	符号	
声强	尔格每秒平方厘米	ery/(s·cm^2)	瓦特每平方米	W/m^2	1ery/(s·cm^2)=10^{-3}W/m^2
声阻抗率、流阻	CGS瑞利	CGS rayl	帕斯卡秒每米	Pa·s/m	1CGS rayl=10Pa·s/m
	瑞利	rayl	帕斯卡秒每米	Pa·s/m	1rayl=1Pa·s/m
声阻抗	CGS瑞利	CGSΩ$_A$	帕斯卡秒每三次方米	Pa·s/m^3	1CGSΩ$_A$=10^{5}Pa·s/m^3
	瑞利	Ω$_A$	帕斯卡秒每三次方米	Pa·s/m^3	1Ω$_A$=1Pa·s/m^3
力阻抗	CGS力欧姆	CGSΩ$_M$	牛顿秒每米	N·s/m	1CGSΩ$_M$=10^{3}N·s/m
	力欧姆	Ω$_M$	牛顿秒每米	N·s/m	1Ω$_M$=1N·s/m
吸声量	赛宾	Sab	平方米	m^2	1Sab=1m^2

附录3 中国部分标准代号

GB	国家标准	QB(ZB)	轻工业行业标准
GBJ	国家标准(工程建设方面)	SC	水产行业标准
JB	机械工业行业标准	LY	林业行业标准
SJ	电子工业行业标准	WS	卫生行业标准
YB	冶金工业行业标准	SB	商业行业标准
SY	石油工业行业标准	GN	公安部标准
HG	化学工业行业标准	JC	国家建材行业标准
MT	煤炭工业行业标准	JG	建筑工业行业标准
JT	交通行业标准	CJ	城镇建设行业标准
TB	铁道部标准	DZ	地质矿产行业标准
SD	水利电力行业标准	FJ	纺织工业行业标准
YD	邮电行业标准	JJG	国家计量检定规程
CECS	中国工程建设标准化协会标准		

附录4 外国部分标准代号

ISO	国际标准化组织发布的国际标准			
IEC	国际电工委员会发布的国际标准			
ANSI	美国国家标准		Гост	原苏联国家标准
EN	欧洲标准化委员会标准		JIS	日本工业标准
DIN	德国国家标准		BS	英国国家标准
NF	法国国家标准		SIS	瑞典国家标准
UNI	意大利国家标准		SNV	瑞士国家标准
CAN	加拿大国家标准		AS	澳大利亚国家标准
IS	印度国家标准			

附录5 中国与给水器具有关的部分标准

GB 600—82 船舶管路阀件通用技术条件
GB 778.1—1996 冷水水表
　　　　　　　第1部分:规范
GB 778.2—1996 冷水水表
　　　　　　　第2部分:安装要求
GB 778.3—1996 冷水水表
　　　　　　　第3部分:试验方法和试验设备
GB 1047—70 管子和管路附件的公称通径
GB 1048—90 管道元件公称压力
GB 1173—86 铸造铝合金技术条件
GB 1176—87 铸造铜合金技术条件
GB 1740—79 漆膜耐湿热测定方法
GB 1848—84 船用内螺纹青铜截止阀
GB 1951—84 船用低压外螺纹青铜截止阀
GB 2500—81 船用大便池冲洗阀
GB 2555—81 一般用途管法兰连接尺寸
GB 2556—81 一般用途管法兰密封面形状和尺寸
GB 2579~2584—81 建筑卫生陶瓷试验方法
GB 3287—82 可锻铸铁管路连接件技术条件
GB 3288—82 可锻铸铁管路连接件验收规则
GB 3289.1~39—82 可锻铸铁管路连接件形式尺寸
GB 3452.2—87 O型橡胶密封圈外观质量检验标准
GB 3809—83 陶瓷洗面器普通水嘴
GB/T 4288—1992 家用电动洗衣机
GB 4706.53—2002 家用和类似用途电器的安全　坐便器的特殊要求
GB 4981—85 工业用阀门的压力试验
GB 5000~5001—85　日用陶瓷名词术语　日用陶瓷分类
GB 5939—86 轻工产品金属镀层和化学处理层的腐蚀试验方法—乙酸盐雾试验(ASS)法

GB 5944—86 轻工产品金属镀层腐蚀试验结果的评价
GB/T 6952—1999 卫生陶瓷
GB 7306—87 用螺纹密封的管螺纹
GB 7307—87 非螺纹密封的管螺纹
GB 7529—87 模压和压出的橡胶制品外观质量的一般规定
GB 7913～7914—87 卫生洁具铜排水配件通用技术条件 卫生洁具铜排水配件结构形式和连接尺寸
GB 8285—87 坐便器塑料坐圈和盖
GB 8373—87 卫生洁具、暖气直角式截止阀技术条件
GB 8374—87 卫生洁具、暖气直角式截止阀形式和尺寸
GB 8375—87 水嘴分类、型号命名方法
GB 8464—87 内螺纹连接闸阀、截止阀、球阀、止回阀通用技术条件
GB 8465.1～8—87 内螺纹连接闸阀、截止阀、球阀、止回阀基本尺寸
GB 9306—88 内螺纹连接旋塞阀、旋塞式液面指示器
GB 9876—88 给、排水管道用橡胶密封圈胶料
GB/T 12716—2002 60°密封管螺纹
GB/T 12956—91 卫生间配套设备
GB/T 13927—92 通用阀门 压力试验
GB/T 16662—1996 建筑给排水设备器材术语
GB/T 18092—2000 免水冲卫生厕所
GB/T 18145—2000 陶瓷片密封水嘴
GB/T 18684—2002 锌铬涂层技术条件
GB/T 18713—2002 太阳热水系统设计、安装及工程验收技术规范
GB/T 18870—2002 节水型产品技术条件与管理通则
GB/T 18870—2002 城市污水再生利用,分类
GB/T 18921—2002 城市污水再生利用景观环境用水水质
GB 50242—2002 建筑给水排水及采暖工程施工质量验收规范
GB/T 50106—2001 给水排水制图标准
GB/T 50331—2002 城市居民生活用水量标准
CECS 108：2000 公共浴室给水排水设计规程
JC 502—1993 陶瓷大便器冲洗功能试验方法
JC/T 551—1994 坐便器低水箱配件 排水阀密封件及寿命试验方法
JC 706—1997 蹲便器高水箱配件
JC 707—1997（GB 8219—87 下放）坐便器低水箱配件
JC/T 760—1996（GB 5347—85 下放）浴盆明装水嘴

JC/T 856—2000　6升水便器配套系统
JC 886—2001 卫生设备用软管
JC/T 3040.2—1997 大便器冲洗装置—液压缓闭式冲洗阀
CJ/T 48—1999 生活杂用水水质标准
CJ/T 95—2000 再生水回用于景观水体的水质标准
CJ/T 133—2001 IC卡冷水水表
CJ/T 151—2001 薄壁不锈钢水管
CJ 164—2002 节水型生活用水器具
CJ/T 3081—1999 非接触式（电子）给水器具
QB/T 1291—91 自动洗衣机用进水电磁阀
QB/T 1334—1998（原GB 4626—84）水嘴通用技术条件
ZBY 71001—88 大便器冲洗阀
JG/T 3008—93 淋浴用机械式脚踏阀门
JG/T 3040.2—1997 大便器冲洗装置—液压缓闭式冲洗阀
JB 2986—81 旋塞阀技术条件
HG/T 3091—1997　给、排水管道用橡胶密封圈胶料
HG/T 3097—1997　110℃以下热水输送管橡胶密封圈材料规范

《城市节约用水技术丛书》简介

由北京市城市节约用水办公室组织编写的《城市节约用水技术丛书》共四册,分别是《中水工程实例及评析》、《节水新技术与示范工程实例》、《生活用水器具与节约用水》、《城市雨水利用技术与管理》,陆续出版。已出版的介绍如下:

《中水工程实例及评析》(书号:11194)

2003年5月出版,定价:37.00元

书中汇集了北京市不同类型中水工程的实例共53项,同时从水质、水量、工艺流程、经济分析、设施管理及存在问题等不同方面对各中水工程进行评述分析,便于读者参考。

《节水新技术与示范工程实例》(书号:12273)

书中第一篇介绍了北京市节水技术研究的主要内容,分为19个项目;第二篇介绍了节水示范工程实例,分六大类34项,是近年来北京市节约用水科研及实践的总结,对节约用水实践有一定的指导作用。

把话说对了，
教养就对了

顺应孩子心理的亲子沟通方式

魏玮志 著

北京理工大学出版社
BEIJING INSTITUTE OF TECHNOLOGY PRESS

版权专有 侵权必究

图书在版编目（CIP）数据

把话说对了，教养就对了 / 魏玮志著. —北京：北京理工大学出版社, 2018.7
ISBN 978-7-5682-5572-1

Ⅰ.①把… Ⅱ.①魏… Ⅲ.①家庭教育 Ⅳ.①G78

中国版本图书馆CIP数据核字（2018）第089001号

本书通过四川一览文化传播广告公司代理，由采实文化事业股份有限公司授权北京理工大学出版社出版中文简体字版本。

著作权合同登记号 图字：01-2018-1964

出版发行 /	北京理工大学出版社有限责任公司
社　　址 /	北京市海淀区中关村南大街5号
邮　　编 /	100081
电　　话 /	（010）68914775（总编室）
	（010）82562903（教材售后服务热线）
	（010）68948351（其他图书服务热线）
网　　址 /	http://www.bitpress.com.cn
经　　销 /	全国各地新华书店
印　　刷 /	三河市金元印装有限公司
开　　本 /	710毫米×1000毫米　1/16
印　　张 /	14.5
字　　数 /	131千字
版　　次 /	2018年7月第1版　2018年7月第1次印刷
定　　价 /	42.00元

责任编辑 / 李慧智
文案编辑 / 李慧智
责任校对 / 周瑞红
责任印制 / 边心超

图书出现印装质量问题，请拨打售后服务热线，本社负责调换

CONTENTS [目录]

自序　放慢沟通的步调，让爱有呼吸空间　　001

第一章　戒掉快教养的九种沟通语病
　　　　——大人不想听的话，别对孩子说

别对孩子翻旧账："你怎么每次都这样！"　　007
别说做不到的事："再吵，我们就坐飞机回家。"　　012
不要不讲理只下命令："你就是要听我的！"　　017
孩子不愿分享时，别说"你真小气！"　　021
停止对孩子唠叨：快点吃饭、快点穿衣服　　026
别用否定词语：不要跑、不可以　　032
孩子尝试被禁止的事，别骂"你怎么这么不听话！"　　038
孩子不愿接受时，别说"这是为了你好"　　044
一定要做的事，别再问"好不好"　　048

第二章　打开孩子心门的九个说话术
　　　　——先理解再教导，比急着提建议有效

当孩子分享时，先倾听，再认同，后教导　　055
当孩子没考好时，让他知道成绩与爱无关　　061
当孩子不想上学时，同理回应但坚持目标　　068

当孩子压抑情绪时，告诉他，不想忍就哭吧	075
当孩子上学前拖拖拉拉，请单纯提醒不要唠叨	079
当孩子羡慕他人时，引导孩子珍惜现有的	084
当孩子没达到目标时，称赞他的努力与进步	090
当孩子玩到不想走时，事先提醒给予缓冲	094
当孩子赌气回应时，把是非题变成选择题	098

第三章 建立无障碍沟通的六大态度
——掌握陪伴、交流、了解、话题四个重点

聊孩子有兴趣的事	105
分享爸妈过往的故事	110
询问孩子希望爸妈陪他做什么	115
引导孩子思考他想要什么	119
教导孩子比电子游戏更重要的事	124
我不会给你手机，但可以借你	130

第四章 聪明回应孩子常问的七个问题
——多花一分钟，引导孩子的思考力

爸爸妈妈，这是什么？	137
为什么我要读书？	142
他会不会是骗人的？	147
比中指是什么意思？	151
为什么大人可以，而我不行？	155
人为什么要活着？	159
爸爸妈妈，可以请你们帮我吗？	164

第五章 "不说话"的五种沟通方式
——耐心倾听，陪孩子度过情绪期

孩子哭闹时，请陪伴他哭完	171
孩子沮丧时，请理解并支持他	175
孩子觉得大人不懂他时，倾听并讨论出共识	180
孩子想象时，顺着他的话去说	184
孩子分享时，不要预设立场或吐槽	188

第六章 表达关心的六种爱的话语
——回归教养初衷，对孩子爱从口出

遇到孩子间的冲突："你们商讨该怎么做。"	195
当孩子害怕时："我陪你去。"	203
当孩子说讨厌爸妈时，我们要说："你这么说，爸妈听了会难过。"	207
别把另一半当坏人："你试试看，妈妈会很开心。"	211
当孩子做错了爸妈提醒过的事："你没事吧？"	215
孩子放学大喊累时："孩子，上学辛苦了！"	220
父母与孩子的双向沟通 SOP（标准作业程序）	224

自序

放慢沟通的步调，让爱有呼吸空间

"你平常都跟爸妈聊些什么呢？"几年前，在某个亲戚聚会上，我问一位十四岁的初中生。

"我很少跟他们聊天。"他说，一副无所谓的样子。

"连很重要的需要跟爸妈商讨的事情，也不说吗？"当时我的儿子泽泽五岁，正处于什么事都要跟爸妈说的年纪，所以我听到这孩子的回答时有些惊讶。

"有是有，但还是很少说。"他想了一下说。

"要是他们主动询问，你会怎么回答？"我好奇地问。

"看问什么。要是话题很无聊，我就会回：还好啊、不知道、差不多、你说呢、我忘了……然后赶紧回房间写作业或者玩手机。"他说了一连串三个字的敷衍答案。

"是什么原因让你不想听也不想回答呢?"我再问。

"觉得烦吧!他们总是一直唠叨我、批评我。好像我做什么都不对、都不好,只有听他们的才是正确的。"

"你可以试着表达你的想法。"

"我说过,但没有用。不是被唠叨,就是骂我爱找借口、顶嘴、不孝顺……所以我也懒得说了,躲在房间里还比较自在。"

"那你就听他们唠叨完,不制止?"我反问。

"对啊,反正我就站着想自己的事,等他们唠叨完。"原来他在等时间过去,父母说的话,他一个字都没听进去。

"我相信你爸妈是爱你的,为什么你听不进去呢?"我刨根问底又追问了一句。

"不知道。就是不想听。"他抬起头,看了看天空。

那大人般的口吻,跟他稚嫩的脸庞完全不匹配。这让我深思了许久,也促使我产生了想要进一步探讨亲子沟通问题的想法。

是什么原因,让一个孩子从五岁的滔滔不绝,变成十四岁的惜字如金?

是什么原因,让一个孩子从喜欢黏在父母身旁,变成觉得父母很烦?

是什么原因,让一个孩子从任何话都跟父母说,长大后却只想跟同学分享心事?

正是因为我们太爱孩子,同时也太爱"教"孩子,但却忘记"听"了。

沟通是为了理解而不是听话

孩子两岁左右的时候，开始说人生的第一个"不"字。随着他们日渐长大，自我意识越来越强，可能说出不好听的话，或是做出我们意料之外的事。爱孩子的我们当然知道要教他，于是，这时就需要沟通了。

亲子沟通常常会遇到两种状况。第一种是父母完全不听孩子说话，认为孩子的表达是在挑战权威，习惯以大人的角度去思考孩子的行为，因此不能接受孩子的哭闹，也无法理解明明是为他好，他为什么不愿意呢？要是孩子反抗，那么批评、指责、谩骂就随之而来，只有听话与照着做才是最乖、最孝顺的表现。第二种是父母聆听的目的不是为了商讨与想办法，而是为了反驳与说服，甚至用爱来勒索，用烦琐的说辞与啰唆的道理实施假民主，本质上却依然是让孩子听话。这一类型的父母，听演讲与看教育类书籍的目的，根本不是想要了解孩子为什么会有情绪、为何会反弹，他们只希望得到"孩子不要再吵的方法"与"快速说服孩子的秘招"。

当沟通变成从上到下的命令时，亲子之间的感情肯定会越磨越少，最后演变成孩子只想躲在房间，甚至不想回家。孩子内心想传达的事情，达不到分享的目的，只得到爸妈的误解、忽略与唠叨，导致他们宁愿跟同学说，也不同父母讲的现象。这些情况绝对不是父母自我安慰一句"青春期叛逆"就能搪塞的，而是与孩子从小到大始终沟通不良所累积的结果。

沟通是在同一平面的交叉线，是为了要达到"共识"、得到"双赢"与互相"理解"的目的。

双向沟通，自己人的感受

我喜欢孩子直接哭、闹或是坚持己见，因为这些都是他们表达的方式。表达是沟通的开始。孩子用哭来传达情绪、用闹来表达想法、用坚持来展现个性。我们接收到这些信息，再用恰当的方式来处理、良好的沟通来应对，亲子关系才会有呼吸的空间。

在这个相同频率与温度的呼吸空间里，我们能听懂彼此的话语、听进对方的想法、感受互相的信赖、想出双赢的方法，如此才会让孩子有我们跟他是一伙儿的，是自己人的感受。唯有成为相互了解的自己人，孩子真心认为爸妈懂他、愿意倾听他说话，孩子内心的话才会最想跟我们说，而我们所说的话孩子才愿意听进去，达到真正的双向沟通，建立起一辈子无障碍沟通的亲子关系。

现代生活节奏很快，我们对待孩子也跟着急促起来：早上赶着送孩子去上课，一旦拖延就开骂，因为这会害爸爸上班迟到；晚上赶着孩子上床睡觉，一旦哭闹就不耐，因为这会让妈妈无法休息。在忙碌的生活中，要找到适合亲子双方的沟通与教养方法，非常需要"陪伴"与"耐心"，听起来最简单却也最难办到。

第一章

戒掉快教养的九种沟通语病
——大人不想听的话,别对孩子说

孩子跟大人一样都是独立的个体，也就是说，与"人的感受"相关的言语与做法，接收方式是一致的，不会有大人与孩子的分别。只要是大人不喜欢与不接受的感受，孩子也一定不会喜欢、不接受。

我们不喜欢被主管、父母或另一半不断地翻旧账、威胁恐吓、命令独断、冷嘲热讽、唠叨说服、谩骂责备等，不喜欢那些会使我们内心充满恐惧的言行。而这些感受，孩子肯定也不会喜欢，不管是否戴上"这是为了你好""我不会害你""我是为了要你记住"的安慰帽子，它们在本质上绝对都是一样的。

所以，在对孩子说出一些带有情绪化的词之前，请先想一想：如果这些话是他人对我们说的，我们会喜欢吗？能接受吗？当答案是否定时，请把这些话咽回去，换成我们喜欢与接受的沟通方式，来跟孩子说话。

别对孩子翻旧账:"你怎么每次都这样!"

当父母希望孩子改进某件事,已经说了很多遍、提醒过很多次,但孩子一犯再犯时,父母很容易脱口而出:"你怎么每次都这样!"然后孩子会辩驳:"我没有每次都这样!"接着,父母会说:"做了还不承认?"最后亲子之间陷入与事件无关的口舌之争中,以及不断翻旧账的斗嘴抱怨。

亲子情境:孩子争抢玩具

"哥哥,还给我!"花宝大叫。

"来呀来呀,抓住我,我就还给你。"泽泽边跑边笑。

"我不去抓你,这是我的东西,请还给我。"花宝有点生气了。

"好啊,还给你,来啊!"泽泽看似要还,其实不然,反而挑衅花宝去抓他。

"泽泽,你听到妹妹说什么了吗?"妻子看到后,立刻制

第一章 戒掉快教养的九种沟通语病
——大人不想听的话，别对孩子说

止了泽泽。

"妹妹说，还给她。"听到妈妈说话，泽泽停下了脚步。

"那你还了吗？"妻子有些生气地问道。

"没有。"泽泽摇摇头。

"为什么不还？"

"因为我觉得好玩。"

"好玩就可以故意不还吗？你怎么每次都这样！"

"每次都这样"的背后是对孩子的不信任

泽泽是个好玩的孩子，喜欢把任何事情都变得有趣，但有时他的玩笑会有些超过界线。因为觉得好玩，所以反而没有察觉到对方的感受。每次遇到这样的情况时，我们一定会告诉他，为什么不能这么做，以及应该怎么做。每次提醒的时候，泽泽都会点头说好，但是没隔多久，当他开心的时候，又会忘记我们说过的话，继续开他认为好笑的玩笑。

当父母发现自己一再提醒的事情，孩子一犯再犯时，很容易脱口而出："你怎么每次都这样！"不过扪心自问，孩子真的是"每一次"都这样吗？其实，这只是父母把对孩子的失望给夸大了，仿佛我们说过的话，孩子下一秒钟就得立刻做到，而且只要有一次没做到，就变成了"每次都这样"。

这样的场景在生活中时常发生：工作上，主管交办事情，我们告诉自己要仔细核对，但还是因为粗心而犯错；跟男朋友约会，我们告诉自己要提前到,但还是因为忙碌而迟到了。假设主管对我们大发雷霆,说:"你怎么每次都这样,教都教不会!"或男朋友不耐地说:"你怎么每次都这样,我实在受不了你!"此时,我们的心情是怎样的呢?如果身为大人的我们都无法做到永远不犯错,那么还有什么资格要求孩子做到呢?

只要孩子不是故意去做父母不断告诫的事情,我们就应该聚焦在他进步的幅度,而非针对他的不小心或偶尔的遗忘大肆地指责:"你怎么每次都这样!"这句话隐含着父母对孩子的不信任,让孩子认定父母看不到自己的努力与进步,产生了"既然你都认定了我不行,那我为什么要做好呢?!"的失望反弹,导致亲子关系渐行渐远。

永远相信孩子会做到

回到一开始的情境,最后事情是如何解决的呢?

"请现在还给妹妹。"看到泽泽的回应,我开口要求他。

"好的。"泽泽知道我们因为他的行为而不高兴了,很识相地把东西还给了妹妹。

"爸爸知道你在跟妹妹玩,但是你看到妹妹笑了吗?"我问。

"没有,妹妹没有笑。"泽泽回答。

"她的表情和语气是怎么样的呢?"

"是生气的。"

"既然妹妹因为你的行为而生气,那就不要把你的好玩,变成别人的不好玩。你应该试着用双方都觉得好玩的方法，让大家都感到开心才对。"

"我知道了。"

"你一定要试着去感受对方的心情，如果他是开心的，你可以继续玩。可是如果对方生气时，你应该怎么做呢？"

"停下来，不要再开玩笑了。"

"没错，虽然类似的话爸爸已经说过很多遍了，你每次都回答'知道'。但不管之后是否还会发生，爸爸永远相信你一定能做到。"

"谢谢爸爸。对不起，我刚刚又惹妹妹了。"

"其实爸爸发现，这几天有好多次，你开玩笑真的会适可而止，懂得在他人不高兴之前踩刹车。你的努力和进步我都看在眼里，你已经很棒了。今天只是偶尔忘记了，没有关系，但以后还是要提醒自己。"

"好，我会记得的。"泽泽露出坚决的表情。

"爸爸真的很喜欢你能逗大家笑的个性，假如你可以把自己觉得好玩的事情感染到每一个人都觉得好玩，那实在是太了不起了。"

称赞孩子进步的幅度，即便那个幅度很小；忽略他们不小心的重犯，即便重犯的频率略高，让孩子知道我们对他有信心。孩子会因为父母的肯定而相信自己，因为信任而永不放弃，然后用越来越进步的表现来回应我们，亲子关系自然就变得更加紧密了！

别对孩子翻旧账:"你怎么每次都这样!"

跟着泽爸一起练习亲子沟通

当孩子又做了错事时,我们要说:

句型:"相信你一定会做到。"
重点:表达相信孩子,对孩子的信任。

句型:"你的努力和进步,我都看到了。"
重点:称赞孩子处理此行为进步的部分。

第一章 戒掉快教养的九种沟通语病
——大人不想听的话，别对孩子说

别说做不到的事："再吵，我们就坐飞机回家。"

当孩子争吵或出现不当行为时，要是父母该说的都说了，孩子却依然故我，我们下一步就是要明确让孩子知道，他们的行为会面临什么后果。不过，我们在话说出口前，一定要先思考一遍，这些应对方法是自己可以办到与接受的，我们才可以对孩子说，不然那只是威胁与恐吓罢了。

亲子情境：旅行途中的意见不合

过年前，我们全家人到香港自由行四天，由于购买的迪士尼门票自动升级为两日券，所以行程的后面两天待在迪士尼乐园里，而前两天就在市区逛街。

头两天，泽泽与花宝兄妹俩偶尔会因为一些事情而争吵，比如，谁推哪一个行李箱、谁来拿房卡、谁睡哪一张床，等等。虽然我每次都教导他们要好好商量，但他们遇到事情总是别说做不到的事:"再吵,我们就坐飞机回家。"

先吵再说,让原本开心的出游,因为花了很多时间处理纷争而搞到心烦不已。

第三天早上,刚刚坐上前往迪士尼乐园的摆渡车,兄妹俩又因为谁坐在窗边的位置而拌嘴。

"一会儿到了迪士尼乐园,爸爸希望大家可以开开心心地玩,而不是都在生气。请问你们能做到吗?"我对他们说。

"能。"两个孩子停止了拌嘴,快速地答应我。

"下次再有意见不合的情况,请你们一定要做到有商有量,不管是轮流、分配、交换、妥协,等等,有很多解决办法,而不是只有生气。"

"好。"

"既然你们答应能做到,等一会儿在迪士尼乐园里,只要一有争吵、斗嘴的状况,而没有好好地商量解决方法,我们就立刻暂停任何事,等到你们吵完了、不生气了,再继续玩。"

"为什么?我不同意!"泽泽率先反对。

"前几天已经有太多次这样的事,你们说会商量,但是事情一发生就忘了。所以,如果待会排队时,你们又争吵了,我们就立刻离开,直到你们商量好了,再重新排队。"

"我也不同意!"花宝也抗议道。

"你们可以表达不同意,但爸爸一定会说到做到。"

第一章 戒掉快教养的九种沟通语病
——大人不想听的话,别对孩子说

父母说出口的每句话都是教养

当我们说也说了、骂也骂了,道理说尽,孩子对于正确行为的做法也倒背如流,却依然不改,此时,一定要有相对应的,且孩子会在意的处方式,而不只是随口说说而已。

父母最常见的回应是带有威胁恐吓的情绪用语:"你们再吵,我们就坐飞机回去了。""一会儿把你们送到警察局去。""再不听话,我就把你扔在这里,不要你了。"仔细想想,你根本就不会那样去做。难道真的因此就坐飞机回家了吗?真的把孩子送到警察局吗?真的把孩子扔在原地吗?当然不会。

孩子还小,对大人的恐吓或许会因为害怕而忍耐。但等他们再大一点,发现大人只是说空话,根本不会去实施时,那时他们就会把大人的话当耳旁风,完全不予理会,造成日后的管教越来越困难。

说到做到,坚持到底

当摆渡车抵达迪士尼乐园门口,所有人准备起身时,坐在靠走道位置的花宝,手忙脚乱地收拾包包,而泽泽站在窗边等了一小会儿,有点不耐烦地催促她:"快一点!"

被泽泽嗔怪了的花宝,满脸不高兴地将双手交叉放至胸前,很强硬地坐回原位,摆明"我不走了",于是你一言我一语,两人又开始争吵。

别说做不到的事:"再吵,我们就坐飞机回家。"

"你们统统过来坐下,妹妹还在哭,你也在生气,等你们都好了,我们再进去。"下车后,我把他们叫到路旁的椅子上坐下。

"我不,我现在就要进去玩。"泽泽说。

"我们当然会进去,但是要等你们都没事了,再一起开开心心地进去。"

就这样,我们从早上十点二十分(十点半开园)开始就坐在迪士尼乐园的招牌前,看着一群又一群的游客入园。妹妹哭完了,换心急的哥哥大哭,直到将近十一点,两人才平静下来。

"好了,都哭完了吗?"我问。

"嗯。"两个孩子点点头。

"进去以后要好好商量,可以吗?"

"可以。"

"太棒了!我们走吧!"我们终于踏进了迪士尼乐园。

父母处理孩子之间纠纷的时候,不要计较浪费了多少时间与金钱。就算花了不便宜的门票钱却待在门口近四十分钟,看见人潮不断地涌进乐园而想到会少玩多少设施、要排多久的队伍等,但无论如何都要让孩子见证爸妈说到做到的坚持态度。

因为"温柔的坚持",绝对是教养路上最好的武器。

相信孩子会越来越进步。

后来在迪士尼乐园那两天,泽泽与花宝真的一次都没有吵过,连小小的拌嘴都没有,偶尔某一方有点小情绪,另一方一定会试着找出方法。他们知道只要吵架,一切玩乐就会被暂停,所以有了共同的目标:

我们要继续玩下去。

回到家后,兄妹俩延续着这种模式好多天,一起尝试找到方法解决问题,也共同度过没有大人介入的成功磨合期。

当然,兄妹俩依然会争吵,但用不着对孩子说:"你们要继续保持。"孩子之所以是孩子,就是因为他们心智尚未成熟,容易不断地犯同样的错误,所以才需要身为父母的我们在旁边进行适度的教导。而教导的同时,我们只要相信孩子,看着他们越来越进步就可以了。

跟着泽爸一起练习亲子沟通

当孩子明知故犯时:

句型:"如果你们再继续争吵,我们就暂停一切玩乐。"

重点:说出能接受并能办到的处理方式。只要说出口了,当孩子犯规时,就要坚持说到做到。

不要不讲理只下命令:"你就是要听我的!"

面对孩子的要求,父母不知道该如何解释,或是已经解释过了,孩子依然故我,这时父母通常会说出独断的指令,比如:"因为我是你爸爸,所以你必须听我的。""没有为什么,就是这样。""不许就是不许,哪来那么多问题。"只不过这样的高压命令容易造成反效果,不但没有解决孩子的问题,还可能会让双方僵持不下,最后伤害亲子关系。

亲子情境:孩子坚持要买东西

"爸爸,我可不可以买饼干?"泽泽问。

"不行,请你选别的!"我给予否定的答案。

"为什么不可以买?"泽泽不放弃地再一次问。

"你最近一直咳嗽,不许买。"

"我不,我想要吃饼干。"

"我已经说过了,不行就是不行。"

"为什么都要听你的?!"

第一章 戒掉快教养的九种沟通语病
——大人不想听的话,别对孩子说

孩子只会想到当下的快乐

在泽泽与花宝的成长过程中,经常出现上述对话。孩子有自我主见与想法绝对是好事,当然我们也要坚守父母的职责,该拒绝的一定要明确地拒绝。毕竟,孩子通常只会想到当下的快乐,而联想到后果的,往往是身为大人的我们。

如果父母习惯用独断命令的方式与孩子沟通,只会让他充满不解,并且因为害怕而不敢再问,最后不情愿地压抑自己内心的困惑。等孩子长大了,发现大人的高压命令是可以反抗、不听从的,这种压抑便会转变为凡事都跟父母争吵的叛逆,或是表面听话私下却偷偷隐瞒下来,这两者都是在高压沟通之下所产生的后遗症。

唯有用情绪与感受的说明方式,才能让孩子发自内心地明白"爸妈不准我这么做,是真的为我好"。

用情绪与感受的方式说明

关于泽泽想吃饼干的问题,我最后是这么解决的:

"我知道你想要吃饼干。"我先去体谅泽泽想要吃的感受。

"对啊。"

"但是爸爸担心你吃了饼干,咳嗽会更严重。"同时也提出了我的担忧。

"但我还是想吃。"

"假如你咳得更严重的话，搞不好需要待在家里休息，就不能出来玩了。然后那些会让你继续生病的食物，不管是冰的、甜的或辣的，全都不能吃了。"

"是吗？"泽泽开始思考一时贪嘴的后果了。

"不然，等你咳嗽好了，我们再来选，或是现在去挑可以吃的东西，好吗？"

"我想等咳嗽好了，再来买饼干，可以吗？"泽泽接受了我的提议。

"好的，没有问题。"

"知道你想吃"是说出孩子的感受。先说出孩子内心的想法，让他了解到父母懂他为何如此坚持。唯有让孩子感觉到我们懂他的行为时，沟通之门与聆听之窗才会打开。

"爸爸担心你"是描述告诉的情绪。把我们对孩子的行为所产生的情绪告诉他，用情感交流的方式，说明我们要求他听话的原因，而非针对其行为不断地大肆批评与指责。如此，孩子才能体会到告诉的用心，而不是单纯地觉得"爸爸妈妈都在批评我""爸爸妈妈只会要求我听话"。当孩子愿意把告诉的话听进心里，进而开始思考，才不会下意识地为反抗而反抗。

"需要待在家里，不能出来玩了""冰、甜与辣的食物都不能吃"是提醒这么做的后果。孩子不会想到后果，想到后果的是大人，所以一定要告知孩子。如果他依然坚持，那么就告诉他因为他的不听话而导致的后果是什么。引导孩子试着联想，当他想到将来可能要承受此后果的场景时，多半就会冷静下来，愿意与爸妈进行讨论。

"等你的咳嗽好了，我们再来选""去挑可以吃的东西"是提供其他的选项。独断命令的沟通方式，简单来说就是"不要问为什么，照做就对了"的军事化管理，但家不是军队，而应该是充满爱的地方。告诉孩子，虽然他想做的事情不能做，但是有其他的方法可以选择；虽然要听父母的话，但是可以一起讨论出双赢的方法。

在坚持规矩的原则下，保留些许弹性，给予孩子可选择与讨论的空间，如此才能让孩子深深地体会到，"我们管教你，但是依然爱你"。

跟着泽爸一起练习亲子沟通

当孩子说："为什么都要听你的？"我们要说：

句型："我知道你想要吃。"
重点：说出孩子内心的感受。

句型："担心你吃了，咳嗽会更严重。"
重点：描述爸妈担心的情绪。

句型："冰、甜与辣的食物都不能吃。"
重点：告知孩子会有什么后果。

句型："等你咳嗽好了，我们再来选。"
重点：提供其他可以替换的选项。

孩子不愿分享时，别说"你真小气！"

可能是由于东方社会保守的教育与环境所致，我们不太习惯对他人直接表达关心，特别是家人。于是这演变出一种沟通方式，就是越爱越要说反话。这点在亲子沟通过程中随处可见，明明心里关心孩子，却要用斥责或反讽的方式表达。但我们可能没想到，孩子对语言的理解有限，不一定听得懂大人的反话，所以原本的关心从嘴里说出来反而伤了孩子。

亲子情境：孩子不想分享玩具

"爸爸，我可不可以玩那个公主娃娃？"我们去朋友家做客，花宝想玩朋友孩子的玩具，却因不认识而不好意思直接询问，于是手指着玩具跑来问我。

"玩具不是我的，是小如的，你要直接问她。"我说。

"小如，你可不可以借我玩具？"花宝鼓起勇气，走上前去询问。

"我不借。"小如头也不抬，立刻拒绝。

第一章 戒掉快教养的九种沟通语病
——大人不想听的话，别对孩子说

"借给花宝玩一下，人家来我们家做客呢！"朋友马上想要说服女儿。

"那是我的，我就是不借。"小如很坚持。

"你不借给人家，以后大家都不想来我们家玩了，怎么办？"我朋友继续说。

"我就是不借。"

"你也太小气了，都不愿意分享。"于是，我朋友放大招了，期望用冷嘲热讽的说辞来强迫孩子分享。

孩子会将反话当真

孩子不愿意分享，我们说："你真小气，都不愿意分享。"

孩子考试考不好，我们说："你怎么这么笨，这么简单都不会。"

孩子正餐吃得少，没过多久就喊饿，我们说："看吧！早就跟你说过了，看你下次还敢不敢吃这么少。"

大人不自觉地想借由嘲讽与刺激的说话方式，激发孩子正向的行为：骂孩子小气，用意是希望他能大方；说孩子笨，用意是希望他能更聪明；吼孩子下次还敢不敢这么做，用意是希望他下次不要再那么做。这些对孩子的冷嘲热讽，全都是在说反话。可惜孩子听不懂反话，他会信以为真，认为爸妈真的觉得"我很小气"、认定"我很笨"，连吃饭也变得有压力。

如果父母希望孩子做出正确的行为，只需要理解他的想法、鼓励他去尝试，并称赞与肯定其内在特质就行了。

理解、引导、鼓励三步骤

"没关系,如果不想借,可以不用借。"我看小如有点不高兴的样子,赶紧高声打圆场。

"不好意思,每次有客人来,她就是这样,任何东西都不分享。"朋友解释着。

"这很正常,我们也会有不愿意借的东西,你应该也有吧!"

"有是有!但是她什么都不愿意借给别人,这也太夸张了。"

"每个孩子皆是如此,而且年纪越小越不懂分享这件事情。不然,你让我试试看,如何?"

"好啊。"朋友答应了。

理解孩子并试着引导

"小如!叔叔问你,你很喜欢那个洋娃娃吗?"我走到小如旁边坐下来。

"对啊,每个玩具我都很喜欢。"

"我知道。不过,花宝很会把洋娃娃们放在一起,玩扮家家酒的游戏,非常好笑,我每次跟花宝玩都笑得好开心,你想看看吗?"

"想。"小如想了想,点点头。

"如果想看的话,就要把洋娃娃借给花宝一下,然后你们可以一起玩,说不定会很好玩的。"

第一章 戒掉快教养的九种沟通语病
——大人不想听的话，别对孩子说

"嗯……"小如思考着。

"放心，当你不想借了，想拿回来，只要跟叔叔说，我一定会把玩具从花宝的手中拿过来还给你。"

"好。"小如把抱在怀中的公主娃娃慢慢地递到花宝面前。

"谢谢小如，我们一起来玩吧。"花宝说。

"小如好棒啊，真的是个超级大方的孩子。"我称赞并鼓励着小如，然后看着她们一起手牵手去玩扮家家酒了。

鼓励与称赞孩子

先对孩子说："如果不想借，可以不用借。"理解孩子不想借的心情，孩子才不会产生为反对而反对的固执。

然后，找到孩子感兴趣的诱因，我抛出了"花宝很会让洋娃娃们扮家家酒""一起玩会很好玩"等有趣的点子。它们就像萤火虫一般，吸引小如的好奇心，让她因为好奇而自动借出洋娃娃。

当然，孩子一定有点疑虑、担心与不舍，我们此时要给予"一定可以拿回来"的承诺，所以我说："当你不想借了，我一定会把玩具从花宝的手中拿过来还给你。"让孩子不安的心得到保证，可以更加放心地借出玩具，因为她知道，这个属于她的玩具一定可以回到自己的手里。

最后，当孩子有了分享的举动，请务必大声地称赞："你是个大方的孩子。"没有把分享的行为视为理所当然，而是鼓励孩子：你真的做得很棒。特别要把"大方"的特质说给孩子听，让她听进耳朵里、记在心里，这才能逐渐地成化为孩子人格的一部分。

孩子不愿分享时，别说"你真小气！"

让孩子感受到大人的支持

分享不应该是强迫而来的，更不能用冷嘲热讽的语气逼迫孩子进行分享。分享是孩子自愿的，在体会到分享带来的快乐后，他才会自动地做出下一次的分享。

"我相信你很努力，下次好好考，加油！""你现在肚子饿，说明午餐吃得太少。以后吃饭的时候要吃饱，我知道你会记得的。"用鼓励与称赞的方式来沟通，才会让孩子感受到我们相信、肯定与支持他的心，而非落井下石般的冷嘲热讽。

跟着泽爸一起练习亲子沟通

当孩子不愿意分享时，我们要说：

句型："我知道你不想借。"
"不借也没关系。"
重点：理解孩子的心情。

句型："试着分享看看，说不定会更好玩呢。"
重点：吸引孩子的兴趣。

句型："当你不想借了，我会帮你拿回来。"
重点：给予孩子保证。

句型："你真的很棒，是个大方的孩子。"
重点：称赞孩子的行为。

第一章 戒掉快教养的九种沟通语病
——大人不想听的话，别对孩子说

停止对孩子唠叨：快点吃饭、快点穿衣服

泽泽刚上小学那段时间，我们几乎每天都担心他会迟到。早晨应该是开心而从容的，我们家却总是在催促、重复与唠叨中度过，即便我知道泽泽不喜欢这样，我对此也觉得很烦，亲子关系与心情都为此变得不好。后来我发现，无论孩子迟到或者是忘记带东西，最好的处理方法是放手让他承担后果。

亲子情境：孩子上学快要迟到

"起床了，已经二十五分了。"七点钟的闹钟已经按停一段时间了，依然没有看到泽泽的身影。果然，他还在赖床。

"快一点，真的要起床了。"我摇晃着泽泽，试图让他醒来。

"嗯，好。"泽泽又躺了一段时间后，才缓缓地起身换衣服。

"快点吃！你看看几点了？快要三十五分了。"妻子看到

从房间出来的泽泽，立刻提醒他时间。

"好。"泽泽回应道，拉出椅子坐了下来。

"昨天睡得太晚了，所以早上才爬不起来。"我稍稍唠叨了一句。

"嗯。"泽泽慢慢地边吃早餐边回应。

"继续吃，快要四十分了。"泽泽一停下来，我就会忍不住出声。

"我不想吃了。"

"不行，再吃三口，不然一会儿上课会饿。"妻子说。

"好吧！"泽泽又慢慢地用汤匙舀了一口粥。

"要吃就快一点，你知道现在几点了吗？"心急如焚的我再次催促道。

"我吃完了。"他把碗盘放进洗碗槽里。

"已经快要五十分了，到底好了没有？快点穿外套、背书包。记得拿饭盒袋，水壶不要忘了。快一点，快要迟到了，到底在干吗啊？"因为担心泽泽上学迟到，我站在门口一边看着手表，一边一句接一句地说他。

分清楚是孩子的事，还是父母的事

孩子出生后，婴儿时期的所有事情，理所当然都是父母帮助完成的。随着孩子长大，渐渐具备了生活自理的能力，许多事情理应从"帮他忙"变成"教他做",再放手让他自己做。自己做的意思是无须提醒叮嘱,孩子就能做出对自我负责的行为。

不过,孩子到成人之前,与父母之间的依附关系依然很紧密。我们时常会因为担心着急,对孩子说出叮嘱、提醒、啰唆与唠叨的话语,比如,上学快要迟到了,我们会不断地说:"快一点,你要迟到了。"吃饭时,孩子吃得很慢,我们会一直说:"赶快吃,妈妈还要洗碗呢!"要准备睡觉了,但玩具还没收拾,我们会一遍又一遍地催他:"赶快去收拾,我已经跟你说过很多遍了。"

我们一定要分清楚,现在所关注的这件事情,是属于孩子的事,还是父母必须介入的事。如果单纯属于孩子的事,父母要做的是"有限制地提醒"与"放手让孩子承担后果"。

只提醒三次,让孩子承担后果

泽泽上学迟到这件事,一开始在我们的唠叨下,每次都刚刚好在打上课铃前抵达教室,安全上垒。但是只要一不提醒,泽泽的动作就会变慢,原本是他自己应该注意的事情,却需要我们在后面推一下,他才会动一步,我们一不推,他就在原地站着。这绝对不是自动自发、对自我负责的行为。

这时父母必须适度地提醒,让孩子联想到影响与后果。但最重要的是,提醒后,如果孩子依然不在乎,我们就该放手让他自己来承担后果。

练习孩子自动注意时间

后来,我们与泽泽的班主任进行了沟通,了解到班上对于迟到的学生有相对应的惩罚,就是抄课文,而且必须在下课时抄写,这样一来,泽泽最在意的下课时间,就不能跑出去跟同学玩,必须待在教室里,直到抄完课文为止。当然,我们也接受了这样的做法。后来,每天早上我们最多提醒泽泽三次。

"泽泽,七点二十分,要起床了。"这是我对赖床的泽泽做的第一次提醒。

"泽泽,吃早餐吧!知道有哪些事情要在出门前做好吗?"第二次提醒,不直接告诉他要做哪些事情,而是用反问的方式,让他思考上学要带的物品,而非我们一一告诉他,甚至帮他带出门。而且即使他忘记带了,我们也绝对不会帮忙送去,泽泽必须在学校自己想办法,这也是让他承担后果的一种方法。

"泽泽,这是最后一次提醒。请你注意时间,爸爸不希望你下课时又留在教室里抄课文。"不直接告诉他几点几分,而是让泽泽自己抬头看时钟。这样才有自我警醒的效果,而非被动地接受我们的提醒,同时也提醒他迟到的后果。这样一来,不需我们在后面推,孩子就可以往前踏出一步。

后来,泽泽有时能做到,有时做不到。迟到的时候,就让他承受留在教室抄课文的后果。随着一次又一次的练习,泽泽因为个性使然,时间还很充裕的时候他就会不慌不忙,但是已经有时间观念了。离出门还剩下五分钟的时候,他会快速地把一切东西都准备好,站在门口说:

第一章 戒掉快教养的九种沟通语病
——大人不想听的话，别对孩子说

"爸爸，我好了，我们走吧。"他完全不需我们提醒，当然也就听不到我们的唠叨了。

后果要与事情有关联

每个孩子在意的后果不一样，例如，迟到，有的孩子是不喜欢老师在家长联络簿上写很多话，有的孩子是不喜欢迟到时被众人关注。一件事情可以有许多种处置方式，但父母设定的后果最好与该件事有关联。

吃饭很慢，后果可以是："你吃得太慢了，妈妈不能一直等你，所以你要自己洗碗。""因为你边吃边玩，只能吃到几点几分。时间到了，我会把饭菜收起来。肚子饿的话，下一顿再吃多一点。"不愿意收玩具，后果可以是："如果你不收玩具，我会暂时帮你保管，等你愿意收了，我再还给你。"

只要是让孩子在意的后果，就是最好的解决方法。

父母必须介入的事

不过，并不是每一个后果都可以让孩子去承受。当有些事情与健康安全相关，或影响到他人时，我们就必须介入，及时制止，然后，对孩子说明并一起商讨正确的方法。比如，

1. 孩子的行为有健康和安全问题时，比如，看电子产品的时间、吃垃圾食物，或进行危险行为等。

2. 孩子的行为危及他人安全时，比如，打人、推人、咬人等。

3. 孩子的行为影响到他人时，比如，在电梯里按下全部楼层按

钮、在餐厅大声喧哗、在人来人往的室内骑自行车等。

> **跟着泽爸一起练习亲子沟通**
>
> **担心孩子上学迟到时,我们要说:**
>
> 句型:"要起床了。"
> 重点:第一次,提醒。
>
> 句型:"别忘了有哪些事情要在出门前准备好!"
> 重点:第二次,提醒准备事项。
>
> 句型:"这是最后一次提醒,请你注意时间,爸爸不希望你下课时又要留在教室里抄课文。"
> 重点:第三次,提醒时间与告知后果。

第一章 戒掉快教养的九种沟通语病
——大人不想听的话,别对孩子说

别用否定词语:不要跑、不可以

当孩子出现不良行为时,很多父母习惯地说:"不行""不可以"来制止孩子,但效果往往不佳。其实亲子间的对话,用肯定句反而比较有效,直接告诉孩子怎么做是对的就行了。

亲子情境:你也会对孩子说不行吗?

案例

全家人逛商场时,孩子们在过道上奔跑嬉戏。父母发现路人纷纷躲避孩子,于是立刻高声大喊:"不要跑,在商场里不许跑。"但孩子正在兴头上,根本叫不回来。心急的家长看到孩子又差一点撞到人,赶紧上前抓住孩子骂道:"叫你们不要跑,没听到是不是啊!"孩子愣在原地听大人责骂,点头称是:"好,我知道了。"可没过多久,仿佛刚刚的对话完全没有发生似的,孩子又自顾自地跑了起来,让大人极度抓狂:"说过不要跑,没听懂吗?再跑就回家,真后悔带你们出来！"

对孩子下达指令，父母习惯用"不要"的否定词句。

案例

妈妈在厨房做饭，肚子有点饿的孩子不时跑进来，看看有什么好吃的。妈妈说："你们先在外面等，妈妈快做好了。"然后才惊觉时间有点晚了，于是她加快速度。此时，孩子拿着一包饼干询问："妈妈，我饿了，我可以吃饼干吗？"慌乱的妈妈立刻大声说："不行，马上要吃饭了。"孩子再次哀求："但是我现在很饿，很想吃饼干。"妈妈再次提高嗓门说："不行就是不行，快吃饭了，吃什么饼干？！"孩子生气了起来："不管，我就是要吃饼干。"

对于孩子的要求，父母习惯用"不"这类否定词。

案例

孩子正在房间写作业，爸爸看了看手表，心想：时间也太长了吧！于是悄悄走到房门口往里看，不看还好，一看火气就上来了。孩子根本没在写作业，而是趴在桌子上玩玩具。爸爸被气得大吼道："你怎么这么不专心！写个作业东一下西一下的，难怪写这么久。把玩具收起来！"爸爸气冲冲地把玩具抢过去。没过多久，他再次前去探查，结果又看到孩子正在玩橡皮，于是大发雷霆，骂道："你怎么这么差劲儿，一点都不听

第一章 戒掉快教养的九种沟通语病
—— 大人不想听的话，别对孩子说

话，写作业这么不专心，我对你真的很失望。"

看到孩子的不足，父母习惯用批评式的否定句。

用正面话语培养孩子正向品格

"不要跑""不要吵""不要摸""不要乱扔"……

生活中，到处充斥着"不要"来阻止孩子的某些行为。但是，用否定句给孩子指令，需要经过转换才会有效，比如，大人高喊"不要跑"，孩子脑海中必须先想到"跑这个动作要停止"，再转换成"所以我要站在原地，或者我要走"。

如果没有完成转换过程的话，那么孩子只会把"不要"这两字省略，依然只是听到"跑"这个字而已，然后他继续做原来的事情。所以当你叫孩子"不要摸"瓷碗时，他还是会摸；当你叫孩子"不要吵"时，他还是会持续尖叫。

父母要做的是给孩子"直接指令"的正向词语。

"好好走路，你刚刚差一点撞到人了。""请好好说，我能听到你说话。""看看就好，这些瓷碗很容易被碰碎。"让他的耳朵听进大人给的直接指令，无须转换，不用拐弯抹角，他们的大脑会自然地做出反应，父母对孩子说的话才会产生效果。否则，大人会认为孩子是故意不听话，火气更大，而孩子根本不知道爸爸妈妈为什么生气！

用"可以"代替"不可以"

"不可以买玩具""不可以看电视""不可以爬这么高"……当孩子提出要求时,如果这件事有一定之规,大人会不假思索地表示反对,直接回答"不可以"。然而,对提出要求的人而言,听到"不可以"的否定回答时,马上会联想到"失去""无法拥有""不可能办到"等结果。此时,大脑的反抗机制会自动开启,负面情绪掌控他的行为,于是,不管我们说什么他们都回答"不"或"我就要……",一点商量的余地都没有。

父母要做的,是说"可以",而非"不可以"。

在允许的情况下,面对孩子的要求,我们先回答"可以啊",然后加上规则与条件:"可以啊,吃完饭就可以吃饼干。""可以啊,生日到了就买玩具给你。""可以啊,写完作业就可以看电视。""可以啊,只要爸爸陪着,保证安全,就可以爬高。"

同样的意思,但是听的一方感受会极为不同。当听到回应是"可以"的肯定句时,孩子心里会联想到"拥有""得到""能够办到",此时他们大脑中的反抗机制是关闭的,正面情绪控制他们的行为,接着他们愿意把我们后面所说的规矩与条件认真地听进去,进而与我们达成协议。

给孩子贴正面标签

"书包弄得乱七八糟,实在是太脏了。""干吗整个人瘫在沙发上?你太懒散了。"看到孩子做出我们不认同的事情时,我们常常情绪化地使用负面字眼儿批评他们,以期待孩子可以有好的表现,其实这只是父母在发泄不满的情绪罢了。但这些批评却会成为负面标签,贴到孩子的内心,并转换成内在特质,塑造他们自我认定的人格。他们会这样想:"对啊,我做事情就是不专心。""我总是把该整理的东西搞得乱七八糟,很脏。""没错,我时常都是很懒散的状态。"

父母要做的,是正面肯定孩子的行为。

希望孩子好好写作业,不要骂他不专心,直接说:"请你把玩具放到旁边,我相信你可以专心把作业写完之后再玩。"希望孩子能整理好书包,不要说他脏,直接说:"请你去整理书包,爸爸觉得你可以整理得很干净。"希望孩子不要瘫坐在沙发上,不要说他很懒散,直接说:"请你坐起来,腰杆挺直,这样才帅嘛!"

溢美之词人人爱听,看到孩子做出我们不认同的行为,可以通过正向的肯定句鼓励他们,孩子才会感受到我们是真的希望他好,而非嫌弃他。让"专心""干净""帅"的正面标签,成为孩子自我认定的人格,不是很好吗?

与泽爸一起练习亲子沟通

面对孩子的不良行为与无理要求时,我们要说:

句型:"请好好走路,你刚才差一点撞到人了。"
重点:给孩子直接指令。

句型:"可以啊,吃完饭就可以吃饼干。"
重点:要说"可以"而非"不可以"。

句型:"我相信你可以专心做完作业完再玩。"
重点:直接对孩子说肯定句。

第一章 戒掉快教养的九种沟通语病
——大人不想听的话,别对孩子说

孩子尝试被禁止的事,别骂"你怎么这么不听话!"

当孩子尝试了大人禁止做的事情,而暂无危险或没有影响到他人时,我们要做的,不是责骂"你怎么这么不听话"与责怪"你真的很糟糕",而是教导孩子,往后如何在正确的方式下进行带有危险性的举动,以及在我们的陪同下,让他承担尝试的后果。

亲子情境:裤子上的破洞

微雨的午后,我躺在沙发上休息,花宝在一旁用剪刀、胶水做手工。

一段时间过后,花宝突然贴近我的脸,问道:"爸爸,妈妈的针线盒在哪里?"

我微微睁开眼,问:"针线盒在小桌上吧!怎么了?"

花宝迟疑了一下,结结巴巴地回答:"没……没有啊!想要缝东西而已。"

我说:"缝什么?要小心呀,被针扎到会很痛的。"于是我起身帮花宝找针线盒,"找到了,在这里。"花宝一个箭步冲过去拿到手。

由于刚刚花宝没有回答,于是我再次询问:"你要缝什么啊?"

花宝转了转眼珠子,又迟疑了一阵子,才指着她身上穿着的裤子说:"我不知道为什么裤子上有个洞?"

我往她手指过去的地方一看,是一个切口很完整的破洞,我当然顺口询问:"怎么会破了?是刚刚做手工的时候剪到的吗?"

花宝回答:"不知道。它就是破了。"

大人的反应,决定孩子怎么回答

花宝身上穿的是妻子前几天刚买的新裤子,吊牌也是今天早上穿之前才拿掉的。或许她说的是真的,也或许有什么原因,让花宝不愿意承认,这些都有可能。即使我们内心有猜测,也不要看到眼前的情况就进行假设,然后指责孩子说谎或硬逼迫他承认:"一定是你,不要说谎骗我。""我觉得一定是你剪的,不承认就打你了。"恐惧与害怕的情绪,只会让孩子越发不敢承认,因为大人的反应,决定了孩子怎么回答。

或许花宝的行为背后有什么原因,于是我耐住性子,先陪她一同缝

第一章 戒掉快教养的九种沟通语病
——大人不想听的话，别对孩子说

补裤子。

让我陪你一起尝试

帮花宝穿好针线后，在我安全的保护下，我才让她拿针线缝补，直到她把破洞都补好为止。

"完成了！哇——你会用针线呀！"我称赞道。

"因为妈妈缝衣服的时候，我在旁边看过。"花宝一脸得意的模样。

"这样看过一遍，你就学会了？好厉害！"我停顿了一下，再继续说，"其实裤子破了也没有关系，补上就好了，你说对不对？"我微笑地看着花宝，想把话题拉回到我的疑惑上，同时降低花宝心中的担忧，虽然我不知道她在担忧什么。

"对！"花宝只是点点头，没有多说什么。

"你觉得是什么东西把裤子弄破了？"我先进行开放式的询问。

"不知道。"她低着头。

"被剪刀剪破的可能性高吗？"我接着使用缩小范围的非肯定问法。

"有可能。"花宝点了点头。

"是被你手上那把剪刀剪破的吗？"我想的应该没错，于是再度缩小事件范围。

"对。"花宝抬起头看了我一眼，脸上隐隐憋着笑，似乎知道我在想什么了。

"那么,是你刚刚剪破的吗?"我直接问了。

"嗯,是我剪的。"花宝带点儿不好意思地承认了。

"谢谢你告诉我。不过,如果是你剪的,承认就好了!为什么一开始不说呢?"

"因为妈妈说过不可以剪到衣服和裤子。"

"那么你为什么会剪到裤子呢?"

"妈妈说不可以,但我想试试看。"

"你每次拿剪刀的时候,妈妈都会提醒你要小心,不要剪到衣服和裤子。所以,你刚刚就试着剪一下,看会发生什么?"我整理思路再跟她确认一次。

"对啊,爸爸。妈妈会骂我吗?"花宝看起来很担心的样子。

"妈妈不会骂你,因为你勇于去尝试,这很棒!况且还把破洞补好了呢。不过……"我用带点严肃的表情对花宝说。

"不过,这还是一个危险的行为,而且裤子的确被弄破了。你想尝试,真的很棒。但可以先同我们说,我们会陪着你一起找被淘汰的布或衣服,然后你就在我们旁边试。这样既可以让你进行安全的尝试,又不会破坏东西。"我收起笑容提醒她。

教导孩子如何正确地尝试

"好奇"与"尝试"是相当棒的事,更是孩子愿意去思考与培养执行力的开端,所以我们无须为了孩子的"不听话"而勃然大怒,这反倒

第一章　戒掉快教养的九种沟通语病
　　——大人不想听的话，别对孩子说

是引导孩子的绝佳时机呢！

　　我们可以先用平和的语气来询问、引导，毕竟，了解孩子行为背后的原因，比不断地责骂重要许多。但是，当我们看到孩子正要做出"不可以"的行为时，比如，伸手摸烫的东西（危及孩子安全）、出手打人（影响到他人）等，就必须严厉对待，最好直接制止，以免孩子受伤。等孩子的情绪稳定之后，再说明他这么做会造成什么样的后果，以及我们对此行为的感受，让他理解为什么不可以这样做。最后再心平气和地引导孩子，询问出他想要尝试的真正原因。

　　假如孩子当下很坚持自己的想法，完全听不进去大人的解释，那么，我们可以在安全的条件下，以双方都能接受的方式，让他试试看，比如，"远离烫"这件事。

　　泽泽两岁多时，有一天，我们在煮饭，他很好奇大人在做什么，于是想靠近煤气炉。我们对他说不可以，并解释为什么不能靠近，但他依然想要靠过来，甚至对我们的禁令感到生气。于是，我用马克杯装了半杯热水，让泽泽试着摸了一下杯子外壁，体会何谓"烫"。后来他知道了，也真的懂了，就自动地离煤气炉远远的。

　　用威胁与恐吓的方式，比如，"你要是敢摸，我就打你"，反而会让充满好奇心的孩子私下偷偷尝试。唯有让孩子切实地明白，大人为何会说"不可以"，这才是最好的方法。

孩子尝试被禁止的事,别骂"你怎么这么不听话!"

跟着泽爸一起练习亲子沟通

当孩子尝试了爸妈禁止做的事,我们要说:

句型:"你想尝试,真的很棒。"
重点:鼓励孩子勇于尝试的心。

句型:"不过,这可能会伤害你。"
重点:提醒孩子爸妈的规矩。

句型:"但你可以跟我们说,我们会陪着你进行安全的尝试。"
重点:告诉孩子,如何在爸妈的规矩之下进行尝试。

第一章 戒掉快教养的九种沟通语病
——大人不想听的话，别对孩子说

孩子不愿接受时，别说"这是为了你好"

每个人从小到大，一定听父母说过："让你这样做，是为了你好。"这句表面看来充满好意的话，其实背后是"一定要照我说的做"的强烈意图。当父母以爱之名强迫孩子做任何事时，哪怕结果再好，孩子都不会感谢父母的这份"好意"。

亲子情境：没有气的气球

刚回到家的泽泽看起来满心欢喜，因为他手上拿了一只附近新开业的店家送的气球，但是这只气球不争气地只陪了我们一夜。第二天醒来，泽泽看到快要垂到地面的气球，有些失望地说："怎么没气了？！"我在一旁换衣服，轻声地回应："真的啊！"

当我换好衣服走出来，就看到泽泽已经打开气球口的结，准备放进嘴巴里，想要自己吹气。

"慢着，你要干什么？"我制止了他的动作。

"我要吹气球。"泽泽手上捏着气球口,看着我说。

"为什么要吹?"

"因为它没气了!"

"那是从外面拿回来的气球,根本不知道有谁摸过,也不知道它是用什么材质做的,搞不好上面有细菌,而且你和妹妹最近都在咳嗽、流鼻涕,你还敢直接放到嘴里?!"我有些着急了,语气比较强硬。

"但是我想把它吹大。"

"你把它放进嘴巴里,如果生病了,怎么办?"我问他。

"不知道。"

"什么不知道,反正就是不能吹这只气球。"我下了绝对的禁令。

一脸不高兴的泽泽,扑倒在床上,埋着头一声不吭。我看着他,虽然内心很想对他说"这是为了你好",但是我也知道,这句话对孩子一点帮助都没有,只会让他更加不情愿。

你的好意需要对方心甘情愿地接受

"让你加件外套出门,是为了你好,听爸爸的就对了。"

"让你去考公务员,是为了你好,你以后就懂了。"

"让你用功读书,不去学画画是为了你好,难道我会害你吗?"

"让你这么做,是为了你好。"表面上,这句话似乎充满了好意,

第一章 戒掉快教养的九种沟通语病
——大人不想听的话，别对孩子说

但背后的意图是"一定要按照我说的方式去做"的强势主导，不管套上多么温柔的词汇与话语，强迫的本质丝毫没有改变。

当孩子感受到的是"强迫接受"，即使他照着我们的话去做了，内心肯定也是百般不愿意。不管结果再好，他们都丝毫不会有感恩之心。毕竟，这个"好"需要对方心甘情愿地接受才有存在的意义，否则只会成为责怪父母的埋怨罢了："都是你们让我去考公务员，所以我才没有发展。""都是你让我带外套，现在热成这样，你要负责帮我拿。""都是你一直逼我念书，害得我现在没有一技之长。"

商讨出双赢方法

"儿子啊，爸爸知道你想吹气球。"我的心软化了，缓缓地走到床边坐了下来，拍拍他的背，用温柔的语气说。

"嗯。"泽泽一句不吭，在被子里微微点头。

"但爸爸同时也担心你的安全与健康，不然，你可以想一个方法，只要能解决爸爸的担忧，你就可以吹，不管是用什么工具，甚至我们再去拿一只都行。"

"啊——我知道了。"停顿了一小段时间后，泽泽突然坐起来大叫。

"怎么样？你想到什么办法了？"我好奇地询问。

"可以用吸管。"泽泽想到办法后立刻恢复了笑容。

"好方法。走吧，我们去找一找。"

说完，我们父子俩雀跃地奔去厨房，在抽屉里找到一根吸管，洗干净后，我把吸管放进气球里。泽泽开始用力地用吸管吹气，没几下，气球就被吹得鼓了起来。达到目的的泽泽开心极了，我在一旁对他说："儿子啊，之后我们的想法有任何不同，都不用生气，只要一起商量就好了，像你刚刚就想到了一个好方法呢！"

希望孩子按照我们的要求去做，当然是有目的的，不管是出于对健康与安全的考虑，还是不能妨碍他人的规定，或是对于孩子未来的担忧。拒绝孩子的想法，然后要求他听话，绝对是最快速，也最不需要思考的决定，但这个决定却会深深地影响到未来的亲子关系。

唯有与孩子说明我们的目的，然后一起思考、讨论，共同找到"双赢的方法"，才能达到沟通的意义，并且营造良好的互相信任的亲子关系。

跟着泽爸一起练习亲子沟通

当孩子不愿意接受我们的要求时，我们要说：

句型："爸爸知道你想要。"
重点：表达理解孩子的行为。

句型："但是爸爸担心。"
重点：说出父母心中的想法。

句型："我们可以一起想方法，看怎么做可以同时达到我们两个人的目的。"
重点：抛出问题，与孩子一起寻找办法。

第一章 戒掉快教养的九种沟通语病
——大人不想听的话,别对孩子说

一定要做的事,别再问"好不好"

现在的父母重视亲子沟通,也尊重孩子的意愿,因此很多事情会询问孩子"好不好",甚至变成常用的口头禅。但如果牵涉到身体健康或是否会影响他人,必须予以规范的事情,就不能问好不好,这样反而让孩子有讨价还价的空间。遇到必须禁止的事,就用陈述句,别再用反问句了。

亲子情境:追着孩子喂饭

我的朋友们大都有了孩子,每次聚会时,几乎都直接在家里办,采用一家带一道菜的方式,让整个餐桌摆满了美食。用餐时,我发现不少爸妈会端着碗盘、挟着菜,喂给孩子吃。

"宝贝,你吃一点青菜好不好?"一位朋友问他的孩子。

"我不吃。"孩子使劲儿地摇头。

"吃一口就好,你最近绿色蔬菜吃得太少了。"

"我不喜欢吃!"孩子继续抗拒道。

"拜托，吃一口吧。"朋友使出哀求之策。

"不吃不吃就是不吃。"孩子没说完就跑了。

"回来……"朋友二话不说追了上去。

待朋友放弃追小孩之后，我问他："你想让他吃青菜吗？"朋友点点头肯定地说："是啊。""既然这是你觉得他一定要做的事情，为什么要问他？这不是给他拒绝的机会吗？"我看着他反问道。"嗯……"朋友不知该如何回答。

询问反而给孩子拒绝的机会

"饼干明天再吃可不可以？你刚才吃了很多了。"

问了可不可以，但内心不准孩子现在吃饼干。

"要不要戴上安全帽呢？"

问了要不要，但内心觉得一定要戴安全帽。

"你的蛀牙这么严重，想不想去看医生啊？"

问了想不想，但内心认定蛀牙太严重，一定要去看医生。

"后面有人在等着荡秋千，我们去玩别的好不好？"

问了好不好，但内心希望孩子可以马上下来，让其他人来玩。

第一章 戒掉快教养的九种沟通语病
——大人不想听的话，别对孩子说

当听到"好不好""可不可以""要不要""想不想"的问句时，孩子的回答当然有同意与拒绝两种。然而，爸妈却不想听到孩子回答"不"这类的拒绝答案，一听到就生气地对孩子说："什么不可以，就是可以！""为什么不要？""已经蛀得这么严重了，还说不想去！"接下来开始了一连串的说服，直到孩子百般不愿地点头答应为止。

只可惜孩子听不懂疑问话，因此他们心中肯定有着大大的问号："不是你问我的吗？我说出了我的想法，为什么你要再问一遍，还要骂我，还不断地说服我呢？"

亲子对谈中，把希望孩子去做的事用疑问句来表达，除了说话习惯之外，其实是带有尊重意味的，因为遵循"孩子同大人一样，都是独立个体"的观念，所以询问孩子的想法，尊重他的意愿、理解他的心情并倾听他的心声。

然而，有些家长很容易在后果发生后，把责任推到孩子身上："他便秘，谁叫他不吃青菜呢。""我也不希望他的牙蛀得这么严重，是他不想去看医生。"

孩子就是孩子，是个"尚未成熟的人"，需要父母的教育与引导，过于尊重就是放纵，过于自由就是放任。所以对待孩子的教养问题，要在一定的规矩之内给予自由，务必做到"尊重而非放纵、理解而非溺爱、倾听而非顺从"。

踩在规矩之上的行为，不要再问孩子了，请用肯定陈述句来表达。

对孩子说肯定陈述句

"因为你最近青菜吃得太少,一会儿要把我给你的青菜吃完。"

"刚刚已经吃过很多饼干了,明天再吃。"

"如果你不戴上安全帽,我们就不能出去玩。"

"你的蛀牙又痛了,我们一定要去看医生。"

"后面有人在等,我们从秋千上面下来吧。"

与安全健康相关的,是否影响到他人权益的,夫妻俩商量出来意见一致的规矩,当孩子触犯了,我们的对话方式是先使用陈述性的肯定句,也就是"我们希望你怎么做"加"原因"。

不过,我们说出的肯定句,孩子不见得会乖乖听话照做,他还是会说:"为什么?"或是"我不要"。此时,切勿对孩子说"没有为什么!"或是"我没问你行不行,你现在就去做!"而是要与孩子进行下一个最重要的步骤。

如果是有讨论空间的,让孩子知道我们会"给予缓冲,但目标不变";如果是没有商量余地的,那就请"转移目标,但坚持到底"。

给予缓冲,但目标不变:

"因为你最近青菜吃得太少,一会儿要把我给你的青菜吃完。"

"我不吃青菜。"

"至少要吃两大口,吃不完就不能出去玩。"

"后面有人在排队,我们从秋千上面下来吧。"
"不,我还要玩。"
"那么我们再荡十下,如果你还不下来,爸爸就抱你下来。"
重点在于给孩子具体的目标让他慢慢接受,而非强迫他马上接受。

转移目标,但坚持到底:
"刚才已经吃了很多饼干了,明天再吃吧。"
"不行,我现在就想吃。"
"不然你吃海苔吧,就是不能吃饼干。"

"你的蛀牙又痛了,我们一定要去看医生。"
"为什么?我害怕看牙医。"
"只要你看牙医成功了,我们就去吃你爱吃的寿司。"

换个可以接受的事物来替代他此时正拒绝的事物,或是采用鼓励的方式来转移注意力,引导孩子一起坚定地朝着目标前进。

跟着泽爸一起练习亲子沟通

要求孩子一定要做的事,我们要说肯定陈述句:

句型:"一会儿要把青菜吃完。"
句型:"如果骑车出去玩,一定要戴上安全帽。"
句型:"我们要从秋千上面下来了。"

第二章

打开孩子心门的九个说话术

——先理解再教导,比急着提建议有效

第二章 打开孩子心门的九个说话术
——先理解再教导，比急着提建议有效

另一半怎么做，会让我们感觉到对方真的懂我们呢？

我们在说话的时候，对方眼睛看着我们且专心聆听，而不是打断插话。

我们在抱怨的时候，对方会跟着我们一起抱怨，而不是拼命给建议。

我们有情绪的时候，对方能理解我们为何如此，而不是讲大道理。

我们做错了事，对方相信我们下一次会做对，而不是一直唠叨。

我们是这样的，孩子们当然也一样。要想让孩子感受到我们真的懂他，就要专心倾听他们的心声、跟他们一起抱怨、理解他们的情绪、行为，以及肯定并相信他们。

唯有让孩子发自内心地体会到"爸爸妈妈真懂我"，才能在他们渐渐长大之后，始终保持亲子沟通的畅通。

教，永远不嫌晚。但是当孩子不愿意跟我们沟通时，那一切都晚了。

当孩子分享时,先倾听,再认同,后教导

我们都非常爱孩子,也非常爱教导他们。在孩子分享某件事时,每当我们听到、看到、想到孩子做了不听话的事、说了不好听的话时,都会忍不住打断他们,啰唆几句、横加指导或不断批评。这些行为都会让孩子觉得"爸爸妈妈不喜欢听我说话""他们很爱唠叨我",等他们年纪越大,就越不想跟父母分享。因为孩子发现,跟我们讲述事情时,完全达不到他们内心所渴望的分享目的。

亲子情境:孩子分享学校的事情

案例

泽泽一放学,手上提着的溜冰鞋袋子还来不及拿给我,便迫不及待地讲述起刚刚发生的事情。

"爸爸,我今天在溜旱冰的时候,扭到膝盖了。"

"是吗,现在还痛吗?"我关心地问泽泽。

"还是有点痛。"

第二章 打开孩子心门的九个说话术
——先理解再教导，比急着提建议有效

"事情是怎么发生的？"

"有位一年级的小朋友突然出现，害我摔倒，我就大声吼他：你走路不长眼睛啊！"泽泽似乎还是很生气的样子。

相信有很多父母会立刻说教："你干吗这么凶？说这么难听的话。"

案例

有一次，泽泽上完课外辅导班后回到家，跟我分享当天发生的琐事。

"爸爸，你猜，我把你们给我的一百元钱拿去买什么了？"

"不知道。"

"我买了一条软糖，里面好像有十颗。"

"你给同学分了吗？"

"没有，我自己全吃光了。糖果真好吃啊。"

相信有很多父母会立刻批评："你为什么吃这么多糖果？下次不会再给你钱了。"

案例

泽泽到朋友家玩，一回来就开心地讲述发生的所有事。

"他们家特别好玩，有很多游戏。"

"是吗，你们玩了什么？"我问。

"我们打了电视游戏,还有电脑的游戏。"

"所以,你们几乎一整天都在打游戏吗?"

"对啊,那些游戏超级好玩。"泽泽非常开心地说。

相信很多父母会立刻责备道:"你呀,要是读书像打游戏这么认真就好了。""打这么多的游戏,以后不准你去了。"

大人也不喜欢被批评

现在几乎每个人都有网络社交平台,例如,新浪微博等。在网络社交平台上,我们会分享心情、上传照片。我们的这些行为都期待得到他人的点赞,特别是我们非常在意的人。如果此时有人在我们的心情文字与照片分享下,给予"认同",例如,"你看起来好年轻。""你们一家人好幸福,真羡慕。"我们看到了,一定会更加开心。

但是,如果留言中带着批评与指责,比如,在我们的自拍下留言"你要节制了,太胖了",在全家福照片下留言"你和你爸妈都很丑",或是在心情分享"今天真郁闷"底下留言"教育"你:"你太负能量了,我们要向前看……"当分享者看到自己的事情被批评、指责、教育时,肯定想删除留言或照片,甚至把对方拉黑。

分享心情与上传照片到网络社交平台,与孩子向我们分享事情一样,当父母的通常认为自己的发出点是为他好,是在教他。一股脑儿给孩子许多批评、指责、教育,这也是孩子越长大越不想跟父母沟通的原因。因为他的心里话在我们面前被删除了,所以我们都被孩子给拉

第二章 打开孩子心门的九个说话术
——先理解再教导，比急着提建议有效

黑了。

认同并称赞孩子的行为

其实，孩子期待的是从父母那里"得到认同"与"获得称赞"。

孩子跟我们分享，可以分成两个层面来看，第一个层面是"孩子在倾诉内心的情绪"，可能是开心、不开心、难过、紧张、好玩、郁闷、压力等；第二个层面是"所讲的内容"。

父母通常一听到事情与内容不合己意，就很容易只看到第二个层面，然后打断孩子，插话进去，开始批评、指责、教育。所以要让孩子喜欢跟我们聊天，必须先处理好第一个层面"倾诉内心的情绪"，给予认同，并加以称赞。

"他不小心让你摔倒，能看出来你真的很生气！""哇——吃这么多，一定很好吃吧。""游戏的确很好玩，爸爸小时候也很喜欢玩。"只要倾听孩子，不打断也不插话，然后顺着孩子所说的内容，简单重复地叙述，再把孩子的情绪描绘出来，并加上自己对于这件事的认同感。这样就可以让孩子充分感受到"爸妈喜欢听我说话""他们是懂我的"。

假如孩子分享的内容我们找不到认同与称赞的点，那么我们也可以认同并称赞孩子愿意与我们坦诚的行为本身。例如，孩子拿了一张三十分的数学考卷回来，我们可以说："你考这个分数还愿意拿给我们看，爸爸很佩服你的勇气，不错！"任何事情都有其被认同、被称赞的地方，全看我们愿不愿意找到它。

当孩子分享完了，别忘记跟他说："我很开心，谢谢你愿意告诉我这些事。""真高兴你与我分享。""很喜欢同你聊天。"为当天的亲子沟通画下一个完美的句点。

听完孩子分享之后再教导

孩子处于尚在学习是非对错的阶段，所以需要父母的指导。只是这些针对第二个层面"所讲的内容"的谆谆教导，请等孩子分享完他的事情，倾诉完他内心的感受之后再进行。

教，永远不嫌晚。但是当孩子不愿意跟我们沟通时，一切都晚了。

"你虽然很生气，但是可以用更好的方式跟对方沟通。"

"妈妈担心你吃多了糖会咳嗽，下次吃几颗就够了，别吃这么多。"

"我知道你喜欢打游戏，不过这次的时间实在太长了，爸爸有些不太高兴，今后你要懂得节制。"

跟孩子说明我们对于这件事的情绪与感受，然后，事情过去就过去了，稍加提醒或是郑重地强调严重性即可，不要一而再、再而三地重复。最重要的是，告诉孩子以后该怎么做才是最好的方式，而且永远给孩子机会并相信他可以做到。

第二章 打开孩子心门的九个说话术
—— 先理解再教导，比急着提建议有效

跟着泽爸一起练习亲子沟通

当孩子在分享某件事时，我们要说：

句型："他不小心让你摔倒，看得出来你很生气！"
重点：先倾听孩子的话。

句型："我很开心，谢谢你愿意告诉我这些事。"
重点：认同并称赞孩子。

句型："虽然很生气，但是可以用更好的方式跟对方沟通。"
重点：等孩子说完再教导他。

当孩子没考好时，让他知道成绩与爱无关

未来人生的路上，有许多的分数、成绩与排名等着我们的孩子，不管是内心自我的期许、长辈们的期待、同学之间的较劲儿或人生规划的挑战。在这个过程中，孩子可能因为考好了而欢喜、因为考砸了而难过，但我们都要陪着孩子度过每一个开心或失落的当下。

亲子情境：孩子拿考卷回家

  泽泽从小学一年级下学期开始，考试慢慢地多起来，特别是小学三年级之后，考试与分数充斥着他每天的学校生活。我与妻子其实不太在意分数，而是看重泽泽对于错的部分到底理解了多少。即使如此，有时候对于泽泽的粗心以及不在意的态度，我们依旧会忍不住多说几句。

  "这道数学题答案怎么又没有写单位？！"我质问道。

  "忘了。"泽泽笑了笑。

  "居然没有写名字，就这样被扣了分，不是很冤吗？！"

第二章 打开孩子心门的九个说话术
——先理解再教导，比急着提建议有效

"对啊。"泽泽还是满不在乎。

"这些失误都不是第一次了，已经好几次了，这就叫作粗心，比答错题还严重。"我的语气加重了一点。

"好，我知道了。"泽泽看到我严肃的表情，也立刻正经起来。

"知道？！你之前也这么说，以后再粗心怎么办？"

"我不知道。"泽泽摇摇头。

"什么叫不知道？是你在考试，还是我在考试啊？！"我的语气更凶了。此时，我发现泪水在泽泽的眼眶中打转。

成绩与父母的爱是两件事

看到泽泽难过的模样，我突然想起自己初中与高中的那些年，每天窝在学校奋战读书，晚上九点才拖着疲累的身躯回到家。曾经因为考砸了而站在讲台前，众目睽睽之下被打手心；也曾因数学分数创下历史新低而不敢拿回家。在那个年代，分数、成绩与排名评判着一个人的全部：成绩好＝好学生，将来无可限量；成绩差＝坏学生，未来前景堪忧。这种等号实在毫无逻辑。

就算现在的观念有些改变，我们知道不要把孩子的成绩与分数看得太过于严重。但每当孩子拿回来的分数摊开在眼前，与同学、朋友与亲戚家的孩子一比较，只要考糟了、跟他人比差了一截，或是孩子不断地粗心犯错，做父母的难免会立马变色，甚至破口大骂。

我们会因为孩子没考好而唠叨、因为孩子粗心而恼怒、因为孩子排名靠后而生气，但是气归气，内心一定要清楚的是："成绩、分数与排名"都与"我们对孩子的爱"无关。

不要在唠叨时伤害孩子的自尊：
"你怎么这么笨啊！"
"你能不能用点心。"

不要因恼怒而说出伤人的话：
"同样的问题讲过很多遍还错！我对你真的很失望。"
"考这么差，你不觉得丢脸吗？！"

不要因生气而忽略了安慰：
"输了就输了，有什么好哭的！"然后冷眼看着他哭。
"输了就表示你不认真，看以后你还敢不敢。"

切忌因手足之间的成绩高低而差别对待：
"因为哥哥考得比较好，零用钱多给他一些。"
"妹妹比较会念书，所有家务都不用她做。"

因为孩子的行为而生气一整天、唠叨整个礼拜、看他的一切行为都不爽。

第二章 打开孩子心门的九个说话术
——先理解再教导，比急着提建议有效

"还打游戏，把时间拿去读英语！"

"看什么漫画，你以为你有资格看这些吗？"

不管考多少分，都是我们最棒的孩子

一次期中考试的早上，因担心考试而失眠的泽泽赖床到七点四十分才起床。换好衣服后，他坐在妈妈准备好的早餐前发呆。

"儿子，要注意时间。"我指着时钟提醒他。

"我吃不下！"泽泽无精打采地说。

"至少把鸡蛋吃了吧！"妻子很担心。

"不，我不吃了。"泽泽摇摇头。

"吃不下就走吧。"我说。

往学校走的路上，儿子依然一副没精打采的模样，我搂着他的肩问道：

"怎么了？听妈妈说，你有点担心考试啊？"

"我怕会考不好。"泽泽点点头。

"我们都不是很在意你考多少分啊。"

"你们不在意，但同学会跟我比。我考不好，他们还会取笑我。"泽泽哀怨地说。

"原来如此。爸爸跟你说，考多少分不是重点，重点是你在准备考试的过程中尽力了没有；考试前，学会了多少内容；考完之后，有没有把不会的问题的弄懂。这些才是重点。"

"嗯。"泽泽随口应着，一脸的似懂非懂。

"你现在不太懂没有关系，爸爸要告诉你的是，考试的真正目的是测试你吸收了多少知识，而吸收的知识是否可以运用到生活中，比如，买东西会不会算错钱，写信给别人的时候会不会写错字，等等，而不是单纯地看考卷上的分数。"我停顿了一下，眼睛看着泽泽继续说，"而且爸爸要让你知道，不管你考多少分，都是我们最棒的儿子。"

"就算是我考二十分也一样吗？"泽泽看着我问。

"当然，你考多少分跟我们爱你根本没有关系。"

"那么，爸爸，你以前有过考得很差的时候吗？"

"当然有，我数学考过四十分，化学考过二十七分。但是，我依然是爷爷奶奶最棒的儿子，他们并不会因此而少爱我一点。所以你在我和妈妈心里也是一样的，知道吗？"

"我知道了。"

"心情好一点了吗？"我又紧紧抱了泽泽一下。

"有，所以现在我肚子饿了。"泽泽摸着肚子苦笑。

"怎么办？我们已经到学校门口了。"

"没关系，我中午多吃一点就好了，爸爸再见。"

"再见。"我看着他往前跑去的背影挥挥手。

成绩是一时的，亲子关系才是永久的

当孩子考砸了时，切忌因为分数低而责备他，这会让孩子觉得如果考不到高分，就会影响我们对他的爱。

不，绝对不是的。

再怎么恨铁不成钢，批完成绩、骂完分数、气完结果之后，还是可以抱抱他、安慰他，一起讨论错在哪里："有不懂的地方吗？我们一起来看看。"表示肯定与信任的态度："错了没关系，下次对就好了。"

最重要的是要跟孩子表达，成绩归成绩，而我依然爱你："妈妈刚刚只是因为你的粗心而生气，现在说完了，不生气了。我们一起来做点什么吧！"然后牵着孩子的手，一起大笑、谈心、散步、逛街、聊天，谈谈成绩以外的事情，聊聊与孩子共同喜好的话题，陪孩子放松一下。

成绩与分数不是人生成功与否的唯一指标，更非拿来衡量孩子的唯一标准，而是有没有在学习过程中，找到那个独一无二的自己。所以直接用行动让孩子感受到"不管你考多少分，都是我们最棒的孩子"是永远不会改变的真理。

成绩、分数与排名都是一时的，但亲子关系是一辈子的。

跟着泽爸一起练习亲子沟通

当孩子的成绩考砸了,我们要说:

句型:"有不懂的地方吗?我们一起来看看。"
重点:针对事情,不做人身攻击。

句型:"做错了没有关系,下一次做对就好了。"
重点:未来错比现在错更可怕。

句型:"我是因为你的粗心而生气。现在说完了,现在我们一起来做点什么吧?"
"不管你考多少分,都是我们最棒的孩子。"
重点:让孩子明白他的成绩与父母对他的爱无关。

第二章 打开孩子心门的九个说话术
——先理解再教导,比急着提建议有效

当孩子不想上学时,同理回应但坚持目标

上幼儿园是孩子跨入团体生活的第一步,通常孩子会因分离焦虑而哭闹,但只要爸妈愿意耐心陪伴,孩子终究会跨过这一关,就像他未来将克服的许多人生难关一样。

亲子情境:孩子不想去学校

"爸爸,我不想上学。"

刚上幼儿园小班的花宝,第一周上学相当顺利,一到教室门口就笑脸盈盈地向我们挥手再见。

但从第二周开始,"我不要上学"的戏码不断地在出门前上演。我们要在家里抱着她半个小时,她才愿意出门,甚至从吃完早餐到走进教室,整整要花上一个半小时。

大人面对陌生环境也会紧张

面对花宝的情况,我们先着手厘清她不愿意上学的原因。

经过几天的观察以及与老师的沟通,我们发现她刚进入教室是很开心的。老师也说她整天都很正常,每次接她放学时,她也会笑嘻嘻地讲述上课的好玩之处。但是晚上睡一觉,第二天起床后,"拉扯"戏码再度上演,特别是走进教室这一段。

我们明白她"不想上学"的行为举止,是源自她十分依赖爸妈、不想离开我们的分离焦虑,以及面对陌生环境的紧张,如同大学生从家里搬到陌生宿舍的心态;也如同上班族要着装去公司上班,面对同事、主管那种武装起来的心境。

面对孩子上学的分离焦虑,千万不可以做出以下行为:

用情感来威胁:"你再哭,我就不来接你了。"

用处罚来恐吓:"明天去幼儿园再哭,我就打你。"

要求孩子不能哭:"你已经长大了,上学不能哭。"

直接交给老师,然后转头离开:"没关系,让他哭,我先去上班了。"

如此一来,只会让孩子更加没有安全感,分离焦虑的紧张感更甚。这样孩子反而越来越不愿意离开爸妈去上学,抗拒的情绪与行为也更加剧烈。

第二章 打开孩子心门的九个说话术
——先理解再教导，比急着提建议有效

从理解到相信的五个沟通步骤

遇到孩子不愿意去上学时，我们可以采用五个方法：同理回应、给予安心、目标明确、说到做到、相信孩子。

方法一 同理回应

如果孩子对于上学并不排斥，当他说"我不想上学"时，我们不需要努力说服他"上学很好玩""在学校有朋友陪你，在家很无聊"。孩子情绪不稳时，一定会回答："上学不好玩""我只想要妈妈陪"。

我们只要理解他的感受，然后顺势回应说："好，我知道你不想要上学。""真的，你看起来是不喜欢！"让孩子知道，爸妈懂你的意思、理解你的感受，对于孩子而言，这就足够了。

方法二 给予安心

孩子因为要离开爸妈进入陌生的环境而紧张莫名，我们必须在这个过程中尽可能地陪伴他，带给孩子安心的感觉。

在家里，我们一直抱着花宝、陪着她哭。

出门后，我们走得很慢，不管是走路还是骑车都相当的慢。

到了学校，我们带她绕去池塘看鱼，还去大树旁看松鼠。

接着，我们一起玩游戏，比谁最慢到教室门口。

然后，我们抱着她坐在教室外头。有时候，还需要请她信任的老师牵着她进去，才能够跨越教室那道门槛。

如果赶着上班，不能陪孩子很长时间，我们可以提前出门，拉长陪伴的过程，让孩子深深地感受到爸妈的支持与关怀，才能降低他们的分离焦虑。

方法三 目标明确

我们虽然同理回应、陪她哭泣、拉长时间，但对于"要去上学""要进教室"这个目标，绝对不能动摇："我知道你不想上学，但我们还是要出门。""看得出来你不喜欢，但还是要进去。"

不过，在坚持送孩子上学的过程中，我们可以给予缓冲时间："再哭五分钟，然后就出门。""再抱十秒钟，就要换鞋进教室。"

一次又一次地给她缓冲，但是要越来越短，比如，哭完五分钟后，依然在哭，我们就给予第二次缓冲时间："爸爸知道你还在难过，那你再哭三分钟吧。""最后一分钟了，你一定要进去。"随着每一次缩短时间，帮助孩子逐渐转换心情，更有勇气去面对。

我们也可以用教室里有趣或好玩的诱因来吸引孩子，开启他愿意逐步向前迈进的心，例如："今天的早餐是你最爱的红豆面包！""今天老师要带你们做小灯笼。""晚一点有生日会，可以吃蛋糕。""我们请你最喜欢的老师来带你进去。"

方法四 说到做到

花宝终于愿意进教室了，当她站在教室门口与我们相拥时，总要叮嘱一番："妈妈，你下午要早一点来接我。""爸爸，你要在外面看着我。""等我挥手说再见,你们才可以走。"然后才依依不舍地进去。

只要我们答应:"好,我会早点来接你。""没问题,我会站在窗外看你,直到你跟我们说Bye Bye。"我们真的说到做到。直到花宝隔着纱窗对着我们微笑挥手说:"爸爸妈妈,你们可以回去了,Bye Bye。要记得下午早点来接我。"我们才会挥手离去。然后,每天提前五分钟来接她,让花宝知道,爸爸妈妈答应过的事一定会做到,她完全可以放心。

信守承诺可以给予紧张的孩子稳定与安心的感觉,让她确定会越来越好。如果答应了,却因临时情况无法做到时,一定要事先想办法告诉她,或寻找替代方案。

方法五　相信孩子

陪伴花宝度过分离焦虑的过程有起有落,她有时很棒,但第二天又哭闹了。我与妻子始终相信花宝一定会越来越棒,而花宝也相当努力,从一开始的一个半小时,进步到三十分钟。一段时间后,我们在外面抱大概十分钟,她就可以进教室了。

选择相对花费更多时间与耐心的方式来走过这一条路,只因为不愿意看到花宝被硬抱进教室而大哭的样子,让她有被迫接受的无奈感。毕竟,孩子的这种感受只有小时候这个阶段才有,而能让她安心并给予安全感的只有我们。

孩子独立了,父母就要放手

一天早上,我送花宝去幼儿园。进大门后,原本以为她会慢下脚步；结果并没有，她依然迈着正常的步伐前进；快走到教室时，原本以为她会指着长椅的特定位置，要求我坐下来抱她；结果也没有，她直接走向鞋柜换室内鞋；原本以为她会在教室门口转过身，叮嘱我早点来接她，结果还是没有，她打算直接进教室。

"女儿，你要进去了？！"我瞪大双眼在背后喊道。

"对啊。"花宝转头回应道。

"今天怎么这么棒啊！不用在教室外面待一会吗？"我惊讶地问。

"不用！因为今天有很多事情要做。"

"那……你忘记跟爸爸做什么事了吗？"我张开双臂，准备跟女儿来个热情的拥抱。

没想到的是，花宝微笑着说："哈哈，怎么每天都要抱抱啊。"我心想："哇——这小女生变化太快了吧！之前都是你要我抱你的！"但我还是笑着说："因为爸爸爱你，想要跟你抱一下。"抱完之后，花宝走进教室放下书包。

刚放好书包，她抬起头来，看到站在窗外的我，很快地挥手说："爸爸Bye Bye，你可以回去了。"我说好，但依然留在原地，想要再看她一下。花宝跑去找同学、老师玩，突然，她看到我还没走，立刻跑到与我相隔的纱窗前说："爸爸，你怎么还没走啊！"我说："我想要再看你一下。"花宝回说："不用了，你可以走了！Bye Bye。"

此时的我，虽然有点小小的失落，但我知道，她已经可以自己独立，而我也应该放手了，于是我立刻转身离开。

放手，是身为父母必经的过程。孩子成长，从一开始帮他做，到一起做、陪着做、离10厘米看着他做,慢慢地离他1米、离他10米,最后躲在柱子后默默地为他加油。我喜欢循序渐进地让孩子成长,而非强逼孩子接受与依赖我们。

当孩子做到了,我一定会站在远方给予最大声、最热烈的掌声,因为在这个过程中,孩子的努力,我都看在眼里。只是,或许最后需要调适的,是身为父母的我们,那个从被依赖到不被依赖的转折。

跟着泽爸一起练习亲子沟通

当孩子因为分离焦虑而说:"我不想上学。"我们要说:

句型:"好,我知道你不想上学。"
"真的,你看起来是不喜欢!"
重点:同理回应。

句型:"我知道你不想上学,但是我们还是要出门。"
重点:"要去上学""要进教室"这两个目标绝对不能动摇。

句型:"好,我会早点来接你。"
重点:做出说到做到的承诺。

句型:"你很棒,我就知道你可以。"
重点:鼓励与称赞孩子。

当孩子压抑情绪时，告诉他，不想忍就哭吧

当孩子因为压力而哭泣时，许多人会要求他们忍耐一下"共体时艰""相忍为国"。不过当他们忍不住了，有些情绪性地哭闹与抱怨，我们用不着说："你抗压性怎么这么低？""这点小事有什么好哭（抱怨）的。""你太爱哭了，不害羞！"这些话说得好听是抗压教育，实际上却是把孩子从我们身边远远地推开，使得孩子越长大，越不想跟我们说心里话。

亲子情境：孩子在学校突然大哭

幼儿园开学第一周，从小班升上中班的花宝表现得相当棒，即使换了班级，老师与同学都不同了，她还是自己笑眯眯地走进教室。而我们隔着窗户看着她放好书包、餐袋后，再对我们挥挥手，传达的意思是："爸爸、妈妈，Bye Bye，你们可以离开了。"

然而，第二周的星期一，她却在教室里号啕大哭起来。

一开始,她也是自己走进教室。放好书包与餐袋后,她原本应是挥手的笑脸,后来却是一个大大的苦瓜脸。我缓缓靠近窗户低声问:"怎么了?"这一声询问,就像拧开了花宝的泪库的水龙头一般,让她泪水横流,立刻冲出来,紧紧搂住我,边哭边说:"爸爸不要走,我不要爸爸离开。"我把她抱起来,坐在教室外的椅子上,安慰道:"好,我知道。爸爸不走。"

孩子还是偶尔需要大人陪伴

此刻,我想到花宝刚读幼儿园的时候也是如此。花宝第一次上学,原本期待的好心情只维持了一周,从第二周开始,"我不要上学"变成每天拉锯的戏码。我们观察到,花宝放学时都是笑脸盈盈,这表示她在学校是开心的,探究她哭闹的原因,发现她只是当下舍不得与我们分离。今天应该也是相同的心情。

"我要爸爸一直在这里陪我。"花宝说。

"我也想陪花宝,但一会儿爸爸还有事啊!"我无奈地回答。

"不行,我要爸爸多陪我一会儿。"

"那我先抱你五分钟,再站在教室外面看你十分钟?"

"不行,我要二十分钟。"花宝摇摇头。

"好啊,没有问题,拉钩钩。"我伸出小指与花宝拉钩。

此时,老师走出来,关心地问道:"花宝,你还好吗?"我抱着花宝起身，跟老师说："她对上学有点紧张。"老师说："我知道了！"再温柔地对花宝说："同学开始玩游戏了，你是让爸爸再抱一会儿呢？还是让老师领你进教室？"花宝想了一下说："我要进教室。"我放她下来，她抬起头跟我说："爸爸，看我二十分钟才可以走啊。"我笑着说："我知道。你快进去玩吧！"

如果无法忍耐，一定要告诉爸妈

到了晚上，我帮花宝洗澡时，问她："你早上怎么哭了？是因为紧张吗？"花宝点点头："是的。"我说："我想也是，不过你上个礼拜表现得很好的。"花宝："其实我一直都很紧张，上个礼拜也是，只是我一直在忍耐而已。"我听了有点心疼："所以今天是忍不住了？"花宝说："是的，我忍了好久，今天还是哭了。"我伸出双手，紧紧地抱住她说："没有关系，不想忍了，就哭吧！"

花宝矜持的个性令我心疼，联想到未来，我于是很认真说："爸爸跟你说，长大后，不管任何事情，当你忍不住了，一定记得要告诉我。""好！"我伸出小指与花宝拉了钩钩。

随着泽泽与花宝年龄渐长，将来面临的压力一定会越来越多，情绪当然也会一直不断地压抑、堆积。我更加希望当他们的情绪满了、不想再忍时，愿意找我们倾诉，然后我陪着他们一同大哭、宣泄或抱怨。这不是懦弱与胆怯的表现，而是孩子希望感受到爸妈跟自己站在同一阵线上、可以体会自己忍不住的心情、愿意跟自己一起面对挑战。唯有如此，孩子内心的隐忍才会转化为继续挑战的勇气，让他们得以大步前进，迎接未知的未来。

跟着泽爸一起练习亲子沟通

当孩子因压抑的情绪崩溃而流泪时，我们要说：

句型："没有关系，不想忍了，就哭吧！"

当孩子上学前拖拖拉拉，请单纯提醒不要唠叨

行为通常是内心所呈现出来的表象，看到孩子动作太慢，催促孩子快、快、快，大骂孩子到底想怎么样，这些说话方式都是在处理表象，也就是说，处理行为是治标，唯有了解行为背后的原因，才是治标又治本的方法。

亲子情境：孩子知道要上学却不准备

花宝适应幼儿园的生活后，每天都很开心地去上学，只不过有时在上学前，会做出自相矛盾的行为。

"花宝，要上学了。"

"好。"花宝正趴在地上画画。

"赶快去刷牙，然后找妈妈弄头发。"

"好。"虽然她答应了，却没有起身。

"那你要走时，再来找我们。"反正幼儿园的上学时间没有硬性规定，等她弄好再出门也可以。

"爸爸，我会迟到吗？"过了五分钟后，花宝问我这个问题，但依然趴着画画。

"现在还不会迟到。如果你担心迟到的话，要不要先来刷牙啊？"

"嗯，我不想上学迟到。"说完这句话后，她还是不动，丝毫没有过来找我的意思。

孩子只是想跟爸妈在一起

所谓自相矛盾的行为，就是上学前东摸一下西摸一下、拖拖拉拉，但同时又不断地询问："我会迟到吗？"以及一直说："我不想上学迟到。"却依然做着跟出门无关的事情。

你手拿衣服或牙刷，等孩子过来做完后，马上就可以出门了，但孩子却像化石一般，动也不动，甚至做的还是与出门无关的事，我们肯定会大声怒吼："你不是不想迟到吗？！还不快点过来。""你真的很矛盾。""你再继续画下去，绝对会迟到的！"

嘴上说"不想迟到"，却又做着相反的事情，这反映出孩子心中"想待在家里跟爸妈在一起，但又知道一定要去上学"的天人交战！如同我们有时不想上班，但又知道非去不可，硬是拖到最后一秒才出门是同样的道理。

其实大人也有同样的念头，只是孩子比较诚实罢了。了解原因之后，只要给予孩子陪伴的安心感，再一步一步地带领孩子去学校即可。

拉长准备时间，吸引孩子出门

由于花宝已经发生过几次这样的情况了，所以我提前对她发出"要上学了"的出发信息。假设原本是八点二十分要出门，就提前到八点钟告知她。

拉长准备时间有几个好处：

1. 时间较为充裕

如果时间很赶，甚至占用了上班时间，导致迟到，爸妈的心情一定相当着急，开始变得很没有耐心，对孩子大吼大叫的概率也高起来。给自己和孩子充裕的时间，爸妈就能用平常心与更大的耐性去引导孩子。

2. 给予缓冲，让孩子愿意面对

年幼的孩子不能区分事情的重要与否，他们本能地追随心中的情绪，不想做就是不想做，爸妈再怎么逼他，也只会造成亲子冲突。拉长准备的时间，并在中间不断地倒数"再过十分钟就要走了""还有五分钟""最后两分钟，一定要出门了"。随着一次又一次地缩短时间，帮助孩子慢慢地转换调整，让他们发自内心地愿意面对。

让孩子知道爸妈听到他的话了

"再过两分钟，我们一定要背书包走了。"我最后一次提醒花宝。

"好，我来了。"她匆匆忙忙地收好画画的东西，跑到我跟前。

"没有问题，快点过来吧。"

第二章 打开孩子心门的九个说话术
—— 先理解再教导，比急着提建议有效

"爸爸，我会迟到吗？"花宝担心地问我。

"现在还不会。"

"我不想迟到。"

"好，我知道。"我回应。

"我真的不想迟到。"

"好，我真的知道。"我顺着她的话再次回应。

"爸爸，几点了？我会迟到吗？"没多久，花宝又一次问。

"不会。准备好了就快走吧。"

孩子已经准备要出门了，或许还是有点拖拉，我们用不着唠叨个不停："不想迟到就快一点。""还不都是因为你磨磨蹭蹭的。""迟到了还不是怪你自己。"

我们只需顺着孩子的话回应："好，我知道你不想迟到。""是的，不会迟到。"直接用对话告诉孩子"我听到你说的话了""我明白你不想迟到的心情"。

当孩子知道爸妈听到并感受到时，紧张与担心的情绪会容易缓和下来，然后就可以勇敢地往门外走去。

用目标吸引孩子出门

如果孩子在拉长时间的缓冲之下，依然纠结不已，或许我们可以想一想，在学校有什么事情是孩子有兴趣的、会吸引他的。"你们今天不是要包饺子？""听说早上有圣诞活动。""早点是你最爱的馒头。"孩子大喊一声："对啊！"我们赶紧接着说："那我们赶快出门吧！"

想待在家又知道一定要上学的孩子，思维会深陷在两军交战中挣脱不出。我们提出目标来吸引孩子，目的是引导他，把他拉出旋涡，找到往学校走去的动力。孩子有了上学的目标，相信绝对冲得比我们还快，换成他准备好一切站在门口对我们说："爸爸，快一点。"

跟着泽爸一起练习亲子沟通

当孩子上学前拖拖拉拉，但又一直说"我不想迟到"时，我们要说：

句型："再过十分钟就要出门了。"
重点：拉长准备时间。

句型："好，我知道你不想迟到。"
重点：单纯回应。

句型："一会儿有你最爱吃的早餐。"
重点：用目标吸引孩子。

当孩子羡慕他人时，引导孩子珍惜现有的

当孩子拿着刚买没多久的玩具，但眼睛却一直盯着别人手上的新玩具而羡慕不已时，我们或许会大骂他们不知足："你呀，不要人在福中不知福。"或是说气话："这么羡慕别人，不然你去做人家的孩子吧！"

渴望得到更好的东西、羡慕他人是人的天性，更是一种正常反应，如同我们羡慕网络上总是打扮漂亮、轻松带孩子的妈咪，也羡慕收入丰厚、吃用讲究的高级主管。

不过，我们依然要好好地观察、处理并引导孩子，避免把对他人的羡慕转变成忌妒的心理。因为忌妒容易产生带有恨意的负面行为，比如，网络攻击、私底下的小动作，甚至转过头来埋怨父母。

亲子情境：孩子羡慕同学可以出国旅行

"我的同学真幸福啊！"某一天，泽泽突然说了这句话。

"怎么这样说呢？"我问。

"他今年暑假要去日本。"

"听起来很不错。"

"我们暑假的时候会坐飞机出国吗?"泽泽转过头来问我。

"今年没有计划。"

"这样啊。"他一脸的沮丧。

"我们可以安排去某个地方玩。"

"但是我也很想出国。"

"出国真的很棒。不过这个暑假我们不是已经计划要开车到处看看嘛!"

"我知道,但还是觉得他们真好啊,都可以出国,我就不行。"泽泽再次表达羡慕他人的心情。

不要无止境地满足孩子

孩子的年纪尚幼,羡慕他人所拥有的东西时,爸妈认为金额不大,尚可负担,就尽可能地满足他。这样做的结果,只会不断地养大孩子永远不满足的胃口:小时候是几百元的玩具车,长大后就是几千元的科技产品,甚至数十万元的车子。

羡慕他人的欲望是无穷无尽的,假如不想让孩子长大之后盲目地追随他人而迷失自我,唯有趁孩子还小的时候,学会拒绝他们。

第二章 打开孩子心门的九个说话术
——先理解再教导，比急着提建议有效

引导孩子想到自己的好

假设孩子只是单纯在抱怨，抱怨的当下并不吵闹，抱怨后心情也没有受到影响。这时，我们只要理解他羡慕的心情就可以了。

"为什么他们可以出国？我也想去。"
"真的，我也特别想出国啊。"

"他的玩具看起来真棒，真好啊。"
"对啊，看起来真的很不错！"

"我同学一回家就打游戏，爸妈都不管他。"
"是吗，能够一直打游戏挺不赖的！"

每个人都会有羡慕他人的时候，假如孩子内心相当理智，明白可以拥有什么、不能够拥有什么，只是在看到他人手上的东西时，难免会产生小小的羡慕。我们就理解他的心情，听他抱怨并顺着他的话回答就好。

倘若孩子抱怨后，依然不断地要求："爸爸，我真的很想要。"或是无理取闹："我不管，我就是要。"进而大声哭闹："为什么其他人都有，就我没有？"此时我们可以引导孩子珍惜现在所拥有的。

"我同学真幸福，还可以出国，我就不行。"泽泽依然心情沮丧。

"爸爸知道你看到别人出国，所以也想要搭飞机去玩。不过我们三年前不是去过美国吗？"

"对啊，但是都已经三年没有出国了！"

"爸爸问你，你同学是去哪里玩啊？"

"有一个去北海道，还有一个去冲绳。"

"哇，都是很棒的地方呢。你还记得之前去美国的时候，我们做过哪些好玩的事情吗？"

"当然记得，我们参加了阿姨的婚礼、去迪士尼乐园玩。"

"没错，我也记得。我们居然有机会可以见识到国外的婚礼，在迪士尼乐园看到超棒的游行与表演。你觉得你的同学去北海道和冲绳时，会经历一样好玩的事情吗？"

"应该不会。"泽泽想了一想后，摇摇头。

"每个人所拥有的都很独特，同学有的，或许你会羡慕，但你经历的，也许是他人所没有的。当你看着别人手上的东西时，不要忘记，你自己也紧握着美好的事物呢！"

"想到我在美国玩过，好像就没那么羡慕同学了。"泽泽笑了。

"而且，爸爸还要告诉你，你和妹妹所能拥有的，就是爸爸妈妈能给予你们的全部了。因为我们爱你，所以愿意这么做。既然如此，我们当然可以羡慕别人，但更重要的是，要喜欢与珍惜我们所拥有的。"

我们可以引导孩子想到家中有哪些类似的东西（例如，玩具），或是回想起自己经历过的事情（例如，去哪里玩过）。然后试着说出自己所拥有的东西与事情的独特优点,唤起孩子心中专属于他的回忆,才会让孩子想到自己的好,而非一直羡慕自身所没有的。

然后再告诉孩子:你所拥有的,是我们的全部,是爸妈对你无条件的爱。当爸妈对孩子的爱超越孩子对物质的羡慕时,才能够真正填满一个孩子的心。

把羡慕化为进步的动力

如果孩子羡慕的不单纯是物质或金钱上的满足,而是可以通过努力与练习来提高的,比如,成绩、运动等,那么此时的羡慕或许不是坏事,反而能成为一种自我激励的动力。

"某同学这次考试的成绩很好,真棒。"

"他能考这么高的分真的很厉害,一定是很认真地学习了。爸爸相信你只要再努力一下,也能跟他一样。"

"他现在足球踢得特别好,真想跟他一样。"

"是啊,他一开始也不太会踢,经过练习才踢得这么好。如果你想跟他一样,爸爸可以陪你练习。"

先帮助孩子厘清羡慕的原因,了解自己还不足的部分,并给予孩子支持、相信与陪伴,让孩子将羡慕转换化进步的动力,变得越来越棒。

跟着泽爸一起练习亲子沟通

当孩子羡慕他人时: "他有,我却没有。"我们要说:

句型:"对啊,看起来真的很棒啊!"

重点:赞同他的观点。

句型:"家里不是也有类似的吗?我记得你刚拿到它时,也非常喜欢。"

重点:唤起孩子当初刚拥有时的记忆。

当孩子没达到目标时，称赞他的努力与进步

当孩子表现失常，没能达到预期水平与目标时，父母不用一直针对其缺点做评判，也不用一直说不切实际的鼓励："你表现得实在是太完美了。""你应该得到第一名。"因为他明知道自己表现得没有那么好。此时，我们只需称赞孩子的努力与进步。

亲子情境：孩子的努力成果被他人批评

"叔祖、叔祖母，这是我钢琴表演的视频。"

在一次家庭聚会中，泽泽兴高采烈地把他前几天的钢琴演出视频给大家看。

为了这次正式演出——在舞台上弹奏一首五分钟的歌曲，泽泽非常努力地练习了足足三个月。一周一次钢琴课，每天十至三十分钟的练习。他曾想过放弃，也尝试过逃避，但我们陪着他一起坚持练习，直到他到台上弹完为止。

当天看着泽泽在后台不断搓手，等候自己上场时，我就知

道他很紧张，所以他当时的表现，难免因为紧张而打了折扣。不过，泽泽已经非常满意了，所以迫不及待地想要给大家看他的表演视频。

"你弹得不错，但是这一段怎么弹得乱七八糟的啊？"叔祖听到泽泽失常的部分，立刻指点他。

"因为我有点紧张。"原本满心欢喜的泽泽不知道该怎么回答。

"这有什么好紧张的，一定是练习不够才会这样。"

"这是他第一次上台，难免会这样。他已经很努力地练习了。"我赶紧在旁打圆场。

"能弹成这样还可以，不过，再练熟一点会更好！"指导完，叔祖起身离开。

"爸爸，叔祖弹钢琴很厉害吗？"泽泽不太高兴地问我。

"不太清楚，不过爸爸没听他弹过琴。"

"那么叔祖为什么一直说我弹得不好？"

"叔祖没有说你弹得不好，而是希望你可以再进步。"

激励的话语反而带来挫折

我们看到孩子的表现，时常会不自觉地把他们做得对与做得好视为理所当然，然后挑出不够完美的地方大肆指导批评，不断地说出仿佛是对孩子好，却带有恨铁不成钢、期望他立刻达到目标的话："你还可以

第二章 打开孩子心门的九个说话术
——先理解再教导，比急着提建议有效

更好。""你怎么就是学不会。""说过多少遍了，这么简单的题目，你怎么还是错呢！"

特别是对那些本身已经很优秀的孩子，我们自然而然地会把标准拉高，希望他可以表现得完美无缺、得到高分、获得优胜。但是很少有孩子每次都能够达到师长预期的目标，总会有表现失常的时候。

其实，孩子知道他们的缺点，我们说的自以为激励孩子的话，在他们听起来却是满满的指责。

"你还可以更好。"他理解的意思是"你现在不够好"。

"你怎么就是学不会。"他理解的意思是"你很笨"。

"说过多少遍了，你怎么还是错呢？"他理解的意思是"你实在很糟糕"。

把缺点无限放大、优点略过不提的后果，就是让孩子缺乏自信，甚至心中开始产生"我是否真的那么不好"的自我怀疑。

我知道你已经很努力了

"你不喜欢叔祖这样说你，是不是？"我问泽泽。

"是的，我明明也有弹得很好的地方。"泽泽说。

"我知道，爸爸在现场听得很清楚，你弹得真的很棒。而且你之前的努力练习，爸爸都看在眼里。"

"嗯。"泽泽点点头，似乎想到了那段辛苦的练习时光。

"所以别管别人怎么说，我相信你很努力，不管结果如何，我们接

受就可以了。"

孩子努力学习，即使考得不理想，我们也要对他说："我知道你很努力了。"

孩子用心准备比赛，即使不尽如人意，我们也要对他说："你比上次进步了。"

"你已经很努力了。""你真的做得很棒。""我看到了你进步的地方。"为孩子贴上正面标签，让他知道，即使表现不如预期，爸妈依然很欣赏他为这件事情所做的努力，也看到了他因努力所展现出的进步。唯有称赞孩子的努力，他下一次才会更加勤奋地练习；称赞孩子的进步，他下一次才会突飞猛进。

发现孩子的缺点、希望他进步当然是好意，但没必要当场指责。只要在以后的每一次比赛和练习中，陪着孩子慢慢改进即可。相信他一定可以越来越棒，渐渐地朝目标迈进。

跟着泽爸一起练习亲子沟通

当孩子努力了，却没能达到预期目标时，我们要说：

句型："我知道你很努力了。"
"你比上次进步了。"

重点：称赞孩子付出的过程，为其行为贴上正面标签。

> 第二章 打开孩子心门的九个说话术
> ——先理解再教导,比急着提建议有效

当孩子玩到不想走时,事先提醒给予缓冲

当孩子在某个地方玩到不想离开时,大人通常会感到不高兴,其实是因为我们的时间被孩子给绑住了。因为陪孩子,我们牺牲了自己的时间,内心难免产生"我已经陪你这么久了,你还不走"的想法,因不能做自己的事情而不满。我们只要事先提醒什么时候要离开,理解孩子还想玩的心,然后找出吸引孩子离开的事情就行。

亲子情境:孩子还想在公园玩

花宝在幼儿园放学后,时常问我们是否可以带她到公园玩。一般只要我们有空,都会答应她。况且她的同学也会一起过去,大家经常开心地玩到不想回家。

"花宝,我们要回去了。"我看看时间,差不多该走了。

"我还想在公园玩。"

"我们已经玩很长时间了,真的得走了。"

"再玩一会儿嘛。"花宝央求道。

当孩子玩到不想走时，事先提醒给予缓冲

"不然，我们明天再来玩？"

"我不要，我还要玩。"

大人也会玩到忘记时间

孩子玩过头而不想离开的画面随处可见：大家在亲子餐厅用完餐后就该走了，但孩子还想玩游乐设施，不愿意离开；在玩具店里，爸妈不断催促着，但孩子想要继续看玩具，不愿意离开；在亲戚朋友家，尽管时间有些晚了，但孩子想要继续跟小朋友玩，不愿意离开。

此时，假如我们累了、时间很赶或心情不佳，很容易说出命令式的话："不行，必须走！""现在立刻回家！"或是说出批评的话："你怎么这么拧啊！""你太不听话了！"以及威胁恐吓的话："不走的话，回家你就遭殃了！""我下次再也不带你来了。""别惹我生气啊！"

其实，我们也会跟朋友聊到忘我、看小说漫画到忘记时间、玩游戏玩到耽误下一件事情。当一个人沉浸在开心又喜欢的氛围中时，只会嫌时间不够多，怎么可能因为一句"我们要走了"而乖乖听话呢？！当然会大喊"我不走"。大人如此，孩子自然也是一样。

再玩五分钟，我们就要走了

如果孩子经常玩到不愿意离开，那么，当我们带孩子出去玩时，心里应该有数,避免发生"走"或"不走"的战争。最好的方法是准备离开之前,提前提醒孩子,帮助他们转换心情。

"再玩五分钟,我们就要走了。"

"再荡二十次秋千,我们就要离开了。"

不管是时间或次数,都要提前告诉孩子,这可以达到缓冲的效果,减缓对峙的状况与情绪。

理解孩子还想玩的心

"我想再玩一下。""我还是不想离开。"缓冲的时间到了,孩子还想继续玩,叫喊着不愿意离开,着急的我们很容易当场大发雷霆。

"好,爸爸知道你不想离开。""好吧,你还不想走。"我们不用生气,只要先理解孩子还想玩的心,让他明白我们懂他即可。唯有让孩子感觉"我是懂你的",才可以缓和孩子的情绪,避免发生冲突。

接着,要是时间允许的话,我们可以再给予孩子更短的缓冲时间,不过一定要把条件说清楚。

"最多再玩两分钟,时间到了,我们必须走。"

"可以再去玩三次滑梯,玩完了请务必来找我背书包离开。"

用孩子感兴趣的事吸引他

要是时间不够,必须马上离开的话,我们可以想一想,原本预定的行程中,有什么事情或东西可以吸引孩子,驱使他想要离开公园。

"还想玩吗?但是你喜欢的电视节目快要播出了,爸爸担心你再继

当孩子玩到不想走时，事先提醒给予缓冲

续玩下去，会看不到的！"

"你不是想吃布丁吗？我们现在去买，晚一点可能会买不到了。"

当这件事情引起了孩子的注意力，就会让他迅速行动，甚至变成他在催促我们，"妈妈，快一点！""爸爸，你好慢呀！"

跟着泽爸一起练习亲子沟通

当孩子玩到不愿意离开，一直说："我不走，我还想玩。"我们要说：

句型："我知道你还想要玩，再玩五分钟，就要走了。"
重点：给予缓冲时间。

句型："我们去买布丁吧！"
重点：吸引孩子自愿离开。

当孩子赌气回应时,把是非题变成选择题

有时候,孩子因为累或不舒服,可能会赌气,无论问他什么都回答"不",这时如果用是非题的方式询问孩子的意见"要不要",孩子一定会回答不要,如果改成选择题,选项限制在我们希望他做的范围内,反而更容易缓解僵局。

亲子情境:孩子闹脾气而不想走

一天下午,我带花宝去逛市集,或许因为是促销活动的最后一天,顾客很多,几乎寸步难行,我担心个头较小的花宝在人群中有危险,所以一路把她抱得高高的。不过,她的情绪似乎被人挤人的压迫感给弄得有些毛躁,一直微微皱眉嚷嚷道:"我不去。""我要回家。""现在就要走。"别说孩子了,我和妻子也有这个想法,于是走了一小段路后,我们决定离开。

走过市集后方的大草坪,我们看到前方有个大广场,我

说:"那边好像也可以逛,我们过去看看吧。"此时,花宝立刻生起气来:"我不去,我要回家。"这应该是刚才不舒服的情绪的延续。我缓和地说:"那边的人没有那么多,不如我们先去看一下再决定。""不去,我就是不去。""好,我知道你不想去,但是搞不好那边也有好玩的东西啊。""那边不会有好玩的。"花宝只要情绪一上来,耳朵是关起来的,只用赌气的方式来回应,不管三七二十一,一律拒绝。"好,我知道。反正回家也是要往那个方向走,顺道绕过去就好。"

不要跟孩子硬碰硬

孩子已经有情绪了,此时如果我们用恐吓的语气说"再说一次试试看",或指责他"你怎么听不懂话",其实一点帮助都没有,因为一个人在情绪爆发的时候,是听不进任何道理的。恐吓会让孩子大哭;指责会让他的情绪更激动。既然如此,只要顺着他的话肯定他的想法就好:"好,我知道你不想去。""是,爸爸明白你的意思。"

没有"行"与"不行"的两种选择,只有"我知道""我明白"的理解。如此一来,可以让故意一直说"不"的孩子顺利平复心情。

切忌跟孩子硬碰硬,绕点弯路、想个办法,促使他一同往前即可。

面对有情绪的孩子,给予正面的肯定,这绝对是最好的说话方式。

第二章 打开孩子心门的九个说话术
—— 先理解再教导，比急着提建议有效

给孩子结果相同的选择题

"看起来人不多！进去吗？"我走到广场后，转头询问。

"好啊。"妻子和泽泽进去了。

"我不进去。"花宝站在台阶上继续赌气。

"好，那爸爸在这里陪你。"我准备在旁边坐下来。

"我不要爸爸陪。"小姑娘继续在赌气。

"不然呢？是你先进去？还是爸爸先进去？"我灵机一动，想到一个选择题。

"嗯……我要先进去。"

"好啊，那我在后面追你。"不等花宝回答，我立刻起身装出要追着抓她的样子。

"哈哈哈，不要追我！"花宝被我一逗，也立刻往广场内跑去。

"爸爸抓到你了，这边有试吃，你要不要尝尝？"我抓到她后，一手把她抱起来，试着用试吃来转移她的注意力。

"进不进去？""不进去！"

"要不要坐在这里？""不要坐在这里。"当我们用是非题来询问孩子时，等于给了他否定我们提议的赌气机会。

所以我们要把"是非题"变成"选择题"，从源头上杜绝孩子产生赌气回答的可能性，并把希望孩子去做的事情埋在两个选择题之中，比如，"你先进去？还是爸爸先进去？"两个选择的结果她都是要进去的，只是先后的问题。

当孩子顺着我们的选择题型上钩之后,赶紧使出转移注意力的方法,让孩子忘记刚才的事情,如此一来。既得到了我们要的结果,又让孩子从深陷的坏情绪当中脱离出来,相信孩子很快又笑眯眯的了。

意料之外的美好事物

后来我们进去绕了一圈,途中买了水果,一起喝了一杯甘蔗汁,还吃了几片饼干,最后一起手牵手回家去。

"花宝啊,刚刚的甘蔗汁好喝吗?"我问她。

"好喝。"花宝此刻的心情非常好。

"饼干好吃吗?"

"好吃。"

"爸爸问你,假如你一开始不愿意进来,能吃到饼干,喝到甘蔗汁吗?"

"不能。"花宝摇摇头。

"那么,后来决定进去逛市集开心吗?"

"开心。"

"所以,下次即使你再生气,即使我们的想法再不同,也要试着接受我们的建议。或许它与你想象中的不一样,很可能会发生又开心又美好的事情。"

"好,就像是喝甘蔗汁和吃饼干。"花宝一边吃着饼干一边笑眯眯地说。

"是的。"我摸了摸她的头。

等孩子的情绪稳定之后，一定要记得教给他下一次该怎么做，让孩子明白，即使再生气也应该把耳朵打开，试着接受外面的信息，而不是一直固执地说"不"。他只要每次进步一点点就可以了。

跟着泽爸一起练习亲子沟通

当孩子有情绪，一直用赌气的方式回应时，我们要说：

句型："好，我知道你不想这样。"
"是，爸爸明白你的意思。"
重点：以正面肯定来回应孩子。

句型："那你要A还是要B？"
重点：把是非题变成选择题。

第三章

建立无障碍沟通的六大态度
——掌握陪伴、交流、了解、话题四个重点

我们跟许久不见的朋友碰面，一下子不知道要聊什么时，脑袋里会开始搜寻彼此的共同点作为聊天与分享的话题，比如，天气、城市、过往回忆、相同的朋友等。如果对方是好友，更会回想曾经看过对方在社交网络平台上发过什么内容，比如，去哪里旅游、有哪些爱好、孩子多大等，好作为聊天的主题。

然而，我们与孩子聊天却不是如此。

跟孩子坐在一起，问的都是学校、同学、功课、考试、比赛、成绩、分数与排名。孩子分享任何事，只要跟父母的预期相违背，得到的回应就会充满指示说教。如果这是朋友聊天的内容，请问我们会喜欢跟他聊天吗？

要想跟孩子建立一辈子无障碍沟通的亲子关系，必须先从有共鸣且不设限的话题开始。要有话题，必须先了解；要了解彼此，必须先有交流；要互相交流，一定先有陪伴。

陪伴绝对是建立良好亲子互动的前提，而这个陪伴，是一起放下手机、游戏的实际互动。

聊孩子有兴趣的事

跟孩子聊家长会限制的一些事，比如，游戏、电视等，不代表就是在放任孩子。游戏会伤害视力且容易使人沉迷，当然要管；漫画与电视有年龄分层，当然要有选择；同学之间或许会有恶意行为，当然要观察。但这不代表我在跟孩子聊天时，必须过多地介入并表达意见。跟孩子聊天是相互信任的体现，不应该局限范围，应该天马行空，没有边界，甚至可以主动聊孩子有兴趣的话题。

亲子情境：孩子只想聊游戏

"泽爸，请问一下，我儿子放学后，一直在跟我聊游戏、漫画的话题，这样好吗？"有次同学聚会，一位爸爸问我。

"你们能聊天，很好啊，有什么问题吗？"我有些不解。

"我当然会跟他聊天，但是他从学校一路回到家，甚至在家里都在说这些有的没的，我跟他说：'可以了！不要再说游戏、漫画了。'但他还是停不下来。"

第三章 建立无障碍沟通的六大态度
——掌握陪伴、交流、了解、话题四个重点

"不然,你希望孩子跟你说什么呢?"我反问道。

"聊学校发生的事情、功课问题、人际关系,如果能问我他面临着什么挑战、该怎么进步突破会更好。"

"假如孩子问你,他面临的挑战是游戏该怎么破关呢?"我继续问。

"这当然不行,因为打游戏是没有意义、对将来没有帮助的事情。"

"当聊天的话题有限制,并且你预定了范围,请问,这还算是聊天吗?"

"这……"这位爸爸陷入沉思。

"什么都要讲有意义、对将来有帮助,这叫作'对主管呈报',并不是亲子聊天,因为内容已经被局限了,只是说爸妈想听的话而已。"

"这么说似乎没错。"我的同学回答。

"你长大后,喜欢跟父母还是跟朋友聊天?"我说。

"当然是朋友。"

"为什么不想跟父母聊天呢?"

"他们总爱说一些大道理,我觉得很烦。尤其爱批评、爱唠叨,好像我做什么事情都不对。"

"请问,你现在不正在走和你父母一样的路吗?"

"好像是。"

"假设你的父母可以天南地北地跟你胡侃,虽然会有规定,比如,打游戏的时间、看电视的内容,但是只要你开口,他们都很乐意听你说、跟你聊天。请问,你愿不愿意把聊天时间多花在爸妈身上一些呢?"

"嗯,愿意。"我同学点点头。

"所以,该管的事情当然要管,因为我们是父母。但聊天这件事,只要是孩子感兴趣的话题,就跟他聊吧,甚至是我们主动挑起话题都可以。如果能把我们年轻时的相同兴趣分享给孩子听,肯定更能产生共鸣。"

别用主观想法去批评孩子的兴趣

我们都经历过长大的阶段,但是有了孩子之后,反而忘了童年时是如何经历的。我们还是孩子的时候,可能不喜欢跟爸妈说话,因为只要是不符合他们期待的话题与内容,都会被批评、唠叨。聊游戏,被打断:"你还在打游戏啊?功课差成这样,怎么一点都不长进呢!"聊电视剧,被批评:"不要再看这些没有用的连续剧,快去读书。"聊跟同学的纠纷,被骂:"你就不能安安分分地当个学生吗?为什么一直惹是生非?!"

我们也不喜欢爸妈每次聊天都在问:"怎么样?在学校开心吗?""今天上课学到了什么?""你今天乖吗?"这些带有期望与预设答案的无聊问题。通常我们会说"还好啊""就那样""差不多""一般般"这类简单且敷衍的回答。

第三章 建立无障碍沟通的六大态度
——掌握陪伴、交流、了解、话题四个重点

我们小时候不喜欢，但现在却对孩子做着相同的事。

不要用大人的主观想法，自私地去评判孩子的兴趣与喜好是好还是坏、有意义或没意义。是否有意义是从自我体验而认定的，而非他人所架设的框框。把自己在成长历程中得来的价值观硬套在孩子身上，这不叫爱，而是强迫。

强迫而来的对话，永远是经过筛选的。

聊天，是信任的展现

"你为什么喜欢玩这个游戏呢？""你说的那个动画片很精彩。""对啊！爸爸以前也跟同学打过架。"顺着孩子想说的话题尽情地聊，甚至可以反问问题，以及叙述我们的成长故事，更深入地了解孩子。

"今天那个NBA球员又得三十分了。""你昨天玩的那个游戏通关了吗？""后来你跟同学和好了吗？"我们也可以主动发问，跳出学习、知识、有意义的局限，问孩子有兴趣的话题，特别是当孩子到了有很多事情都不太跟爸妈说的青春期，这样才能延续且建立起无障碍沟通的亲子关系。

聊天是为了产生共鸣与联系

我们与朋友聊天时，聊到工作，可能是抱怨不满；聊到未来，多半是大谈愿景；聊到兴趣，绝对是有着相同的喜好。我们不会在朋友抱怨主管时，跟他说："你怎么说得这么难听！"不会在朋友谈未来梦想时，跟他说："你每天好吃懒做，能做到才有鬼呢！"也不会在朋友谈论收藏时，跟他说："你买这么多东西，实在是浪费钱！"

聊天的目的不是为了教育，而是为了产生共鸣与联络感情。亲子之间的聊天，有时也要像朋友一样，去除上下级的关系，抛掉爸妈要教导孩子的想法，只要是孩子有兴趣的事，就跟他多聊聊。

教，永远不嫌晚。但是当孩子不想跟爸妈聊天时，一切就太晚了。

跟着泽爸一起练习亲子沟通

孩子与我们聊着有兴趣的话题时，我们要说：

句型："你说的那个动画片很精彩！"
重点：顺着孩子的话题继续说。

句型："你昨天玩的那个游戏通关了吗？"
重点：主动跟孩子聊他有兴趣的话题。

第三章 建立无障碍沟通的六大态度
——掌握陪伴、交流、了解、话题四个重点

分享爸妈过往的故事

当孩子在生活中受挫,向我们倾诉烦恼时,千万不要直接套用我们的想法,要求孩子一定要办到,因为孩子深知自己的不足与无力,这些道理或许只会让他感觉到"你不是我,根本不懂我"的沮丧。

亲子情境:孩子在学校社团受挫

泽泽参加了学校社团,社团里各个年级的孩子都有。刚开学的时候,老师为大家分组,与泽泽一组的是三个高年级生与两个中年级生,所以泽泽年纪最小。平时很爱聊天的泽泽却很少提到社团里的事情,于是我主动发问。

"怎么样?社团好玩吗?"一天回到家后我问他。

"嗯……还好吧。"泽泽说。

"你们今天做了什么东西吗?"当我发现泽泽的回答很简单时,马上换另一种方式来问他,不是开放式的问题,而是问得很具体。

"我做了一个成品,但是高年级的都笑我。"泽泽有些难过。

"是吗,为什么会笑你?"

"因为他们觉得我做得很差。"

"他们做得很好吗?"

"高年级的学长学姐做出来的都很厉害,他们太强了。"

"不过也用不着取笑你啊?"

"他们都叫我废物,笑我帮不了忙,很差劲。"泽泽说这件事的时候,挫折感非常强烈。

讲大道理反而让孩子感到沮丧

当我们听到孩子的事情想给予建议时,很容易摆出人生大道理:"你要用心学,不懂的就要问。""不要理他们在说什么。""你努力做好给他们看。"这些话或许带有正面的激励效果,不过离真正让孩子感受到我们的感同身受,还有一大段距离。

我发现能吸引孩子感兴趣的正面言语,以及感受到"爸妈是真的懂我目前处境"的方法,就是分享我们年轻时的故事,特别是与孩子经验相似的过往例子。

爸爸也发生过类似的故事

"高年级的笑你是废物,你听了一定很难过。来,爸爸抱一下。"

第三章 建立无障碍沟通的六大态度
—— 掌握陪伴、交流、了解、话题四个重点

我拉着泽泽一起坐到沙发上,用理解的方式安慰他。

"也有人说过爸爸是废物,所以爸爸懂你的心情。"我接着说。

"爸爸也被这样骂过?"泽泽好奇极了。

"对啊,在我刚进公司上班的时候。"

"是谁骂你?为什么要骂你?"泽泽开始一连串地发问。

"公司里有些同事是资深员工,因为他们待得比较久,所以很熟悉该怎么做以及如何做得最快,就像是你的高年级学长学姐一样。"我说起过往的故事。

"我的主管就像你的社团老师一样,会交代我做很多事情。由于刚进公司,很多事都不懂,主管让我去请教资深员工。但是他们能迅速完成的事,我却要花上好几倍的时间;他们一看就知道该怎么做的事,我却一直做错。有一次,我反复做了好几遍都不对,有位资深员工大声骂我:'你是废物吗?这点事情都不会。'我听了也很生气、很难过。"我把类似的故事一一说给泽泽听。

"然后呢?爸爸你骂回去了吗?"泽泽更好奇我是怎么处理的。

"我没有骂回去,生气归生气,仔细想一想,除了他说'废物'这两个字不好听之外,他说的似乎也没错,我的确动作太慢,应该在错误之中学习。"

"后来爸爸是怎么做的啊?"泽泽问。

"我先忍了下来,然后更加努力地去学习,对工作更专心并提高速度。做错的部分,下一次记得不要再犯,最后当然就越来越好啦。"

"那后来他们还骂过你吗?"泽泽似乎联想到了自己。

分享爸妈过往的故事

"后来就不骂了,因为爸爸有时候做得比他们还好呢!"我摸了摸他的头。

"所以,如果我像爸爸一样的话,他们就不会再笑话我废物了,是不是?"

"当然,这是爸爸以前发生的事情,当作参考,你可以试试看。"

"好,谢谢爸爸。"泽泽点点头,进入了沉思状态,似乎在想着自己可以怎么做。

我们把自己实际发生过的类似过往,以说故事的方式分享给孩子,让他们知道爸妈当时是如何应对相同状况的。孩子会边听边联想到自己身上,除了有种"爸妈是真的懂我的"感受外,更会专心地聆听我们用故事包装过的建议。因为这是爸妈真实发生过的,而非一副因为我是大人,认定孩子所经历的都是小事,所以孩子只要听话照做就好。

毕竟,说故事比讲大道理更容易让孩子吸收与了解。

假如分享的故事某些部分已经忘记了,不用完全照实说,有七八分是真的,其余细节顺着孩子遇到的事情去说,尽量说得很相近。故事越雷同,孩子越能产生共鸣,但必须是真实发生过的。

建立无障碍沟通的六大态度
——掌握陪伴、交流、了解、话题四个重点

跟着泽爸一起练习亲子沟通

孩子需要爸妈给出建议时,我们要说:

句型:"我也曾发生过类似的事,所以爸爸(妈妈)懂你的心情。爸爸(妈妈)之前……"

重点:用说故事的方式,描述当时发生的细节,以及后来的转折,以此来给孩子建议。

询问孩子希望爸妈陪他做什么

所谓的陪伴,不是父母自我认定的,只要在同一个空间里,或是让孩子有事情做,就是陪伴。真正的陪伴,是要达到心灵的契合、情感的交流与了解的增进。

亲子情境:人在心不在

"爸爸,陪我玩积木。"当时才三岁多的泽泽找我一起玩。

"好啊。"我从沙发上站起来,与泽泽一同坐到地板上。

"我们来一起盖房子。"泽泽从桶里倒出一堆积木。

我看他玩积木看了好一阵子,十分无聊,于是默默地拿起手机玩了起来。

"换你盖了,爸爸。"泽泽放了几个积木到我面前。

"好。"我瞄了几眼后,用左手把积木一个一个堆了上去,而右手继续玩着手机。

第三章 建立无障碍沟通的六大态度
——掌握陪伴、交流、了解、话题四个重点

"啊！爸爸，你的房子倒了！"我过于专心地看手机，连积木倒了都没有发现。

"哎呀！我再盖一次。"

"哼！我不跟爸爸玩了，你都不陪我玩。"泽泽有些生气。

"哪有，我不是一直都在旁边陪着你吗？"我试图解释。

"你一直在看手机，根本没有陪我。"泽泽嘟起小嘴。

听到泽泽这么说，着实让我羞愧不已。原来，我以为的陪伴只是坐在孩子旁边罢了。而孩子要的陪伴，是希望与爸妈有互动。

从那次之后，我开始改变。与孩子在一起的时候，不再出现那种"人在心不在"的陪伴方式。

外包式的陪伴

电脑与手机带给我们许多便利，不管是工作方面，还是与朋友在社交网络平台交流，都让我们手不离机。除了在家里孩子与大人做着各自的事情之外，甚至时常看到一个现象：爸妈把孩子带到亲子馆、游乐场或儿童室内游戏区等地方，让孩子自己在里面玩，大人则在外面玩手机或玩电脑，把属于爸妈的责任，比如，安全与指导，交给了工作人员。

真心回应,让孩子感觉爸妈的陪伴

真正的陪伴很简单,就是"亲自专心地参与同样的事情"。当孩子想要我们陪他时,首先我们要做的就是放下手机,然后说:"想要爸爸跟你一起做什么事情呢?"

孩子希望我们陪他一起搭积木,不是看他自己一个人玩,而是希望我们化身建筑师,跟他一起创造出无限的想象世界;孩子希望我们陪他一起玩拼图,不是让他自己一个人拼或是帮他拼,而要从旁观察,当他不知道该怎么做时,及时引导他,给出建议;孩子希望我们陪他一起玩扮家家酒,我们不要只顾玩手机推托道:"爸爸不会玩,你自己去玩。"而要真的成为客人,进到他的店里,大声问:"老板,这个多少钱?哇——这么贵呀!"孩子想要跟我们说话,我们不要敲着电脑随口应付,而要放下电脑,眼睛看着孩子,做出真心的回应:"竟然是这样啊,我知道了。"

带孩子到亲子馆玩时,我会跟他一起体验各种游戏;带孩子到儿童室内游戏区,我会陪他一同在各种障碍之间探险;带小一点的孩子去公园,我会紧盯他是否安全,当他需要我时——例如,荡秋千——绝对随传随到;带大一点的孩子到公园,我会参与可以和他一起做的活动,例如,运动类型的踢足球、打篮球、棒球、骑脚踏车等,以及游戏类型的鬼抓人、红绿灯、木头人等。

因为只有一起专心做同样的事情,才会有更深层的互动;有了频繁的互动,才能更加了解彼此,交流情感与贴近心灵。

孩子自己玩耍，我们却在一旁玩手机。不管你们之间身体靠得多近，甚至是贴在一起，也绝对达不到以上的效果。

暂时无法陪伴时，要给出具体可行的延后时间

陪伴孩子固然重要，但是，当孩子希望我们能够陪伴他时，我们恰恰很疲惫，或是刚好有紧急的事情要处理，而不能满足孩子的愿望，此时我们要给出具体可行的延后时间。

"爸爸，可不可以陪我玩？" "爸爸现在好累啊，让我休息二十分钟。"

"爸爸，我想去公园。" "爸爸正在写文章，再过三十分钟，也就是长针走到10的时候，我就可以带你去了。"

我们要看着孩子的眼睛，认真给出一个具体可行的延后时间，宁愿让孩子多等一会儿，也不要到时食言。我们在这段时间里好好睡一觉，或是专心处理公事。等时间一到，请务必信守承诺，专心陪伴孩子。不然，眼巴巴看着时钟的孩子一定会不断地过来找我们的。

跟着泽爸一起练习亲子沟通

当孩子想要我们陪伴，而我们正在玩手机时，可以放下手机说：

句型："想要爸爸跟你一起做什么事情呢？"

引导孩子思考他想要什么

当听到孩子对于我们每一项的要求都回答"不"时,我们内心的怒火一定会熊熊燃烧,忍不住恐吓孩子:"你再说一次'不'试试看。"要么发泄地说些不可能做到的话:"好啊,我们别吃饭,也别出门了!"要么放任孩子随他去:"什么都不行,那你自己决定吧,我不管你了。"实际上,这些方法都发挥不了作用。

亲子情境:孩子拒绝大人的提议

寒流来袭的傍晚,我骑着摩托车在泽泽的校门口等他放学。我看到泽泽从学校穿堂走了出来,只穿着保暖内衣与运动服,根本没有看到外套。

"你不冷吗?外套呢?"他走到我面前时,我立刻问。

"不冷,外套在书包里。"泽泽说。

"一会儿要骑车,风很大,你把外套穿上吧。"

"我不穿。"

"如果你现在不冷，那至少把外套拿出来，以防万一。"

"我就不穿。"泽泽倔强地看着我，有种跟我宣告自主权的意思。

"我知道了。上车吧，妈妈做了好吃的烩饭。"我心想很快就到家了，不穿外套也没有关系。

泽泽回到家后，吃完饭写完作业，就该准备上床睡觉了。他去洗澡时，我看看时间已经九点半，有点晚了，于是探头提醒："你打沐浴液了吗？"有时泽泽会先玩会儿水再开始洗澡，我问这句话是想知道他洗到哪个阶段了。

"还没有。"泽泽摇摇头。

"赶快打吧，已经很晚了，马上该睡觉了。"

"我不。"泽泽居然又这样回答。

孩子不听话代表他有自己的想法

"穿上衣服。""我不穿。"

"立刻去洗手。""我不洗。"

"把玩具还给他。""我不还。"

孩子不听话，绝对是件好事，表示孩子有他自己的态度与想法。一味地要求孩子听话，只是爸妈想省心省事罢了。难道我们希望孩子长大以后，什么都听他人吗？既然不希望，那就趁着孩子还小，慢慢地灌溉他刚刚萌芽的自我意识的种子，让它们顺利成长。

不过，千万不能无条件顺从，一定要趁孩子不想听爸妈话的时候，告诉他比说"不"更加重要的事。

与其说"我不"，不如说"我要"

"你说'不'的意思是什么？"原本准备离开的我，在听到这句话后，转回身反问他。

"就是'不'的意思。"泽泽说。

"对！我听到你说'不'了。那么，你'要'什么？"我追问。

"我想要再玩一会儿水，再打沐浴液。"泽泽说。

"你这样回答不是更好嘛！"我继续说，"你当然可以对爸爸说的事情有不同想法与意见，但你不能只说'不'，你要把你的想法说出来，也就是除了说'不'之外，更重要的是跟我们说'要'。爸妈那样要求你一定是有原因的，你说出自己的想法，我们再一起商量，这才叫沟通，而不是无意义地总是说'不'。"

"好，我知道了。"

我想到放学时的事，于是又问他：

"就像我今天去接你放学的时候，我让你穿上外套，你当时回答什么？"

"我不穿。"泽泽说。

"爸爸是担心骑车的时候你会冷，下次再有这种情况，你要怎么表达呢？"我抛出问题，让泽泽思考。

"爸爸，我想觉得冷的时候再穿。"

"不错！如果我担心你会冷，你要怎么回答呢？"

"只要我打喷嚏的话，一定会把外套穿上。"泽泽想了一下回答。

"很好，我知道你懂了。赶快洗吧。"

"我洗好了。爸爸跟我说话的时候，我边说边洗，已经洗完了。"泽泽笑眯眯地走了出来。

找到父母要求与孩子自主之间的平衡点

"我不"这两个字只是单纯表达：我反对你所说的。高举"我反对"的牌子，却提不出实质提案，只会变成为反对而反对的口号罢了，完全无助于亲子之间的沟通。

身为爸妈，唯有鼓励孩子试着表达，把心中的想法说出来，再一起讨论并且想出办法，才能达到"父母要求"与"孩子自主"之间的平衡点，进而建立无障碍沟通的亲子关系。

当然，我们也不要成为"反对孩子的反对"的父母。当孩子已经表达出内心想法，却依然只会命令他们听话，并不断说服他们的父母，其实并没有做到有效沟通。

如果孩子年龄还小（大约二至四岁），表达能力尚未成熟时，很容易发生毫无逻辑的、抗拒的、为了说"不"而进行的抗议。此时，除了直接问他"你要什么"之外，要多用"选择题"来帮助孩子表达。

"你是先在家里穿上外套？还是到外面再穿？"

"你是现在去洗手？还是休息一下再洗呢？"

无法完整表达内心想法的孩子，多半会更加生气，然后出现情绪反弹。用选择题的方式，在一定的范围内提供选项，如此一来，既可以让孩子表达想法，又可以顺着父母所要求的方向前进，绝对可以减少很多亲子冲突。

跟着泽爸一起练习亲子沟通

当孩子不想听爸妈说的话，只回答"我不"时，我们要说：

句型："除了说'不'之外，也请说'要'。"

第三章 建立无障碍沟通的六大态度
——掌握陪伴、交流、了解、话题四个重点

教导孩子比电子游戏更重要的事

面对孩子喜欢玩电子游戏的现象，有些父母认为孩子容易沉迷，最好避免让他们接触。

但是除非我们把他们关在家里一辈子，不然孩子总是会接触到电子游戏的。孩子心中充满好奇，却在我们的规定下无法尝试。于是，他们很容易趁爸妈不在的时候偷偷玩，不然就是等到大学住宿舍时，开始整夜打游戏，因为再也没人管他了。

所以我们要做的就是趁孩子还小的时候，训练他们的自我控制能力，而非不断地架设防火墙，阻挡他们接触。

亲子情境：孩子沉迷电子游戏

2016年，口袋妖怪（Pokemon Go）在中国台湾地区上市后，很多人都为之疯狂。我也是第一时间下载到手机里，泽泽与花宝在我玩的时候凑过来看。

"爸爸，这里有神奇宝贝吗？""爸爸，这个是几等的？""爸爸，我来按球。"让我没想到的是，泽泽比大人还热衷。

有一次，我去接泽泽放学，还没到校门口，远远地就看到泽泽紧贴在一个同学身边，眼睛盯着对方手上的荧幕看。

"在抓什么神奇宝贝啊？哇，这么强的怪，居然没有跟我说！"我一看就知道他们在玩口袋妖怪，于是立刻凑上去围观。

"爸爸，你今天抓到什么怪了吗？"回家的路上，泽泽问我。

"没有啊，今天没有什么特别的。"

"可不可以借我手机？我想看看附近有什么神奇宝贝。"

我还没有开口，泽泽立刻把手伸进我的包包里拿手机。

"你要干吗？你不能自己拿。"我抓住他的手，阻止他。

"我想看看。"泽泽乞求道。

"我们正在走路，等一会儿到家再看。"我说。

孩子是不是不快乐，才沉迷游戏？

这几年我在初、高中演讲时，最常被家长问到的一个问题就是："孩子沉迷于打游戏怎么办？""不管我怎么阻止，他还是偷偷打游戏。""不让他打，就跟我大发脾气。"

游戏真的很吸引人，它带有高度刺激性，而且只要努力，等级就会提高，等级一高，游戏好友就更多。接着，他人的依赖感与需要感接踵而来，慢慢地，孩子在游戏中获得了其他地方得不到的成就与快乐。只是他不知道，这样的快乐是短暂且稍纵即逝的，它来得快也去得快，但是各类游戏不断推陈出新，吸引孩子一直沉迷其中，导致孩子一无聊就想打游戏，有人一约就去打游戏，跟朋友聚会就是一起打游戏。

看到孩子变得如此沉迷，家长们非常担心，不由得大声责骂并恐吓他们："你怎么又在打游戏？这么不听话！""一天到晚只知道打游戏，将来怎么会有出息？""你再打我就把电脑砸了。"

其实游戏本身并没有错，父母要思考的是，为什么孩子会如此沉迷于游戏？更深一层的思考是：他是不是在生活与学校当中找不到快乐、成就与自信，所以只能在游戏的虚拟世界中找寻呢？

主控权绝对在爸妈手上

面对游戏，孩子们很难控制自己，比如，孩子原本正在做某件事，一发现有人在玩游戏，就立刻跑到旁边看，不管家长怎么叫都不离开；孩子一无聊就要求玩游戏、玩手机，不断要求，大声哭闹，不达目的不罢休；孩子会在没有询问或经过爸妈的许可下，擅自拿手机；等等。此时我们一定要严加管控，坚持"合理使用""更重要的事""以身作则"和"把注意力拉回到亲子关系中"四大原则。

合理使用

把打游戏归类为跟看电视、玩手机、玩平板电脑等是同一类的活动，以视力保护为基础，规范孩子打游戏的时间。"如果你一直用手机打游戏，一会儿就不能看电视。""你今天已经看电视了，所以不准再打游戏了。"

什么时间段可以使用3C产品①、使用多长时间，爸妈必须在开始计算时间前约定清楚。我们一定要掌握一个基本原则：可以让孩子享受游戏带来的喜悦与刺激，但是一旦发现孩子有沉迷其中、无法自拔的迹象，务必要求他们在短时间内不许再玩游戏。

毕竟，孩子的自制力尚未发展完善，适度是快乐，过度就是沉迷了。

让孩子学会"自我启动"

让孩子明白什么是更重要的事，他们自然就会把游戏排到后面。

泽泽热衷于口袋妖怪的时候，不分时间场合，总是想要玩。

当我骑车载他等红灯时，他会急急地开口询问："爸爸，要不要看一下附近有没有驿站可以拿球？"我则坚决地拒绝他："不行，我们在骑车，骑车的时候不能玩，不然会很危险。要知道，安全比玩游戏重要得多。"

当我开车时，泽泽问："爸爸，可以看你的手机吗？"我也会坚决地摇摇头说："不可以，在晃动的车上看手机会伤害你的视力。因为健康比玩游戏重要。"

泽泽上课前问："爸爸，我现在想打一下游戏！"我会告诉他："不行，你马上要去上羽毛球课，因为你热爱的运动比打游戏重要。"

---

① 3C产品，就是计算机（Computer）、通信（Communication）和消费（Consumer Electronics）三者结合，亦称"信息家电"。

第三章 建立无障碍沟通的六大态度
——掌握陪伴、交流、了解、话题四个重点

孩子越来越大，我们不在他们身边的时间越来越多。他们将会遇到有更多令人沉迷的事情，所以我们要从让他们知道，很多事情的重要性在游戏之上。这样游戏才会成为他偶尔为之的次要兴趣，而非首要慰藉。

孩子长大后将会明白，工作、兴趣、使命等都比游戏更加重要。当两者产生冲突时，他会主动选择放下游戏，去做更重要的事，这叫"自我启动"。只有发自内心的想法，才会使他们远离游戏，而不是我们强迫孩子把网络关掉、把电视关掉、把游戏停下。自动行为与被动行为的效果相差甚远。

孩子渐渐长大后，特别是到了初、高中阶段，家长更应该把重点放在帮助他们"自我启动"，而非一味地粗暴制止。

父母必须以身作则

如果我们一边严厉地告诉孩子"不许再打游戏了"，一边自己却拿着手机刷个不停。这种用权威逼迫的方式，只会让孩子内心不平衡："等我长大了，一定要打到开心为止。"

父母在要求孩子的同时，以身作则显得尤为重要。当我们跟孩子说不能玩游戏的时间点（骑车、开车、走路与做重要事情等），自己也绝对不能玩；陪孩子一起参与活动时，千万不要一心二用；与孩子在外面散步玩耍时，不要忽视孩子，时不时把手机拿出来看；面对孩子提出的质疑，我们更要马上纠正，以身作则："是！爸爸立刻把手机收起来。""对不起，爸爸现在不再看手机了。"

唯有大人带头不沉迷游戏，孩子才不会跟着沦陷。

把注意力拉回到亲子关系

虽然我会给孩子规定打游戏的时间,但日常的聊天内容却不受限制。在放学回家的路上,我们可以大聊特聊,哪个神奇宝贝最厉害、绝招是什么、具有什么属性,等等,一样可以展开亲子之间的话题,甚至成为假日一同出门的理由。

另外,家长不妨带着孩子一同出游、玩耍、骑脚踏车,进行户外的亲子活动,或是在家一起听音乐、看书、玩桌游等,对于任何适合孩子的话题都可以开心畅聊。家长带动孩子远离游戏,一同感受"家庭关系"是比游戏更为重要的事情。

跟着泽爸一起练习亲子沟通

当孩子沉迷于打游戏时,我们要说:

句型:"这么好玩的游戏,怎么没有告诉我啊?"
重点:表达了解而非直接责备孩子。

句型:"你今天看电视了,所以不能再打游戏。"
重点:规范孩子的行为。

句型:"不可以,在晃动的车上看手机会伤害你的视力。因为健康比玩游戏重要。"
重点:教导孩子什么比游戏更重要。

句型:"对不起!爸爸现在不再看手机了。"
重点:以身作则最重要。

第三章 建立无障碍沟通的六大态度
——掌握陪伴、交流、了解、话题四个重点

我不会给你手机，但可以借你

要不要让孩子使用3C产品，绝对是现代父母最头痛的问题之一。既然无法避免，我建议家长等孩子长到有自制力的时候再让他们接触。在这之前，先让他们建立正确的使用观念，像我跟我家的两个孩子就约好，等上了高中再考虑是否送他们智能手机。

亲子情境：孩子希望大人买手机给他

"爸爸，我生日的时候，真的可以让我选择礼物吗？"泽泽有点不好意思地小声问我。

"可以啊！不过还要看金额，以及礼物适不适合。"

"那……可以给我买手机吗？"他越说声音越小。

"现在吗？当然不可以。"

"为什么？我同学都有呢！"原来，他参加的学校暑期班里，有同学把手机带去玩。

"那个手机真的是你同学的吗？"

"真的是,他爸妈送给他的。"

"所以你很羡慕?"我问。

"对啊,他想怎么玩就怎么玩。"泽泽嘟着嘴,点点头。

"虽然我不给你买手机,但我可以借给你。"

"不要,爸爸会限制我时间,而且玩了手机就不能看电视了!"泽泽抗议。

"没办法!爸爸是为你的视力着想。"

"我很想跟他们一样,有自己的手机。"泽泽羡慕地说。

"我知道你很羡慕他们,但是这件事爸爸一定会坚持。至少在你读高中之前,我不会送给你任何3C产品,即使是我们用过的旧手机。"我严厉地说。

"为什么?"

孩子的自制能力仍在建立

我到许多初、高中演讲时,发现学生们几乎人手一机。

有些是孩子自己要求的:"爸爸,可以给我一部手机吗?"于是,父母把手机当作孩子表现好或努力读书的奖励:"好吧!看你最近这么乖。""只要这次考试你考到前几名,爸爸就给你买。"有些家长对这件事不以为意:"孩子用的是我的二手机,而且不能4G上网,只能打电话,没关系的。""他说班上同学都有,而且都加群组每天聊天。没有手机,我担心他会被排挤。""他说是拿来查资料的,我也不知道到底

第三章 建立无障碍沟通的六大态度
——掌握陪伴、交流、了解、话题四个重点

是不是这样。"

孩子拥有一部属于自己的手机后，慢慢地，他们把自己关在房间里面的时间变多了。他们宁愿低头跟同学发信息，也不愿意在客厅里跟爸妈聊天；他们开始在意朋友有没有回复自己的消息，社交媒体上有没有人点赞，为什么对方不跟我加为好友……因而变得患得患失。其实，只要班级里有同学开启"个人热点"共享，即使手机没有4G也一样可以上网。

当爸妈发现不对劲儿之后，开始约束孩子使用手机的行为："不要再看手机了，收起来。""最近要期中考试了，手机给我保管。"得到的回应不是一直推托"好！好！马上就好"，就是生气地捍卫自己的权益，"这是我的，为什么你要拿走"！

最后孩子变得上课不专心，双方亲子时间越来越少，亲子冲突越来越多，以及没收手机就成为父母唯一的管教手段。况且，过度依赖网络社交媒体上的交友关系，会使孩子长大后不懂得如何经营更深层、更有意义的人际关系，不知道该如何表达他内心的感受，以及在面临压力时，不知道要如何寻求帮助。

听到泽泽的同学中已经有不少孩子拥有智能手机或平板电脑，我实在有些惊讶。不过，即使孩子再怎么羡慕他人，该坚持的还是要坚持，因为使用手机会上瘾。

看书时，听到手机提示音响，孩子会分心，拿起手机看一下；平常的空闲时间，孩子可能会看看书，但现在全都拿去玩手机了；与人相处时，原来会想办法找出话题与人聊天，有了手机之后就懒得与人深交了。

当孩子的自我控制能力尚在建立时,给孩子手机,等于是把一大块肉放在狮子旁边,不断地给予诱惑,孩子逐渐深陷其中而不自知。

告诉孩子,在有自制力前,爸妈先把关

在孩子能够自我控制时间,以及知道如何正确运用工具来找寻信息前,请务必把孩子使用3C产品的主控权,紧紧地握在手中,从旁观察孩子,逐渐放宽条件,最终放手。

手机或平板电脑就是爸妈的。需要跟朋友讨论、上网查资料、在外面时要联系人,可以先跟我们借。

借之前,父母要先了解孩子需要用多长时间,然后控制他的使用时长,并约定好要及时归还。

家长务必了解孩子上网的内容,网络无边无界,越小的孩子越需要留意。

判断孩子是否可以拥有手机,标准绝对不是孩子有多乖、成绩有多少分,或者年龄到了几岁,应该是他是否具备"自制能力"。

我温柔而坚定地对哀怨的泽泽说:"爸爸除了担心你的视力之外,更担心你可能会在网络上看到一些不合适的内容,那是无法预测的,所以才需要在你还小的时候先为你把关。"泽泽不说话。我继续说:"不过,当你上高中的时候,有了一定的自我控制能力,并且学会了善用工具,爸爸一定会考虑的。"

孩子在家时，家人应该多多相处，共度亲子时光。而不是全家人共处一室，却各自盯着自己的手机屏幕。

跟着泽爸一起练习亲子沟通

孩子跟我们要求想拥有一部手机，我们要说：

句型："我暂时不会给你买手机，但是我可以借给你。"

重点：在孩子的自我控制能力到达一定程度之前，3C产品的主导权还是由爸妈掌控。

第四章

聪明回应孩子常问的七个问题
——多花一分钟,引导孩子的思考力

孩子小时候都很爱问"为什么？"但是得到的回复往往是"没有为什么""就是那样的"。孩子到了求学阶段，则被迫把所有的答案都分成"对"与"错"，符合标准答案的就是对、不符合的就是错。他们开始学会猜题、排除法、死记硬背等与是否学会无关、只为提高分数的方法。于是，提问不重要，怎么解题才最重要。

孩子们遇到不懂的地方，先看考试会不会考到；听不明白的地方，不敢举手问老师，害怕会问错问题；遇到有疑问的地方，先背下来应付考试。时间一长，孩子们的求知欲、挖掘学问的思考力、探索未知的好奇心，会变得越来越少。

每一个问题的背后，都藏着一双双渴望的眼睛。那些善于发现问题，并且不害怕问出蠢问题，而勇于提问的精神，尤其难能可贵。家长要珍惜孩子的"为什么"，先试着反问，引起他的思考，再用他能理解的方式去解释。把学习与生活联系起来，不用"标准答案"应付孩子，让孩子满满的求知欲在心中萌芽，在未来的路上，不管遇到任何问题都能因思考而成长、因好奇而茁壮。

不强求最高的分数，只成就最好的自己。

爸爸妈妈，这是什么？

对世界感到好奇的孩子，常常会提出一些让大人招架不住的问题。这时，重要的不是告诉孩子答案，而是带领他们去思考、去探索可能的答案。在这个过程中，父母不一定需要像百科全书一样什么都知道，重要的是要引导他们，开启孩子的思考之路。

亲子情境：孩子对世界感到好奇

走在马路旁的小巷子里，花宝看到前方落在地上的小芒果，立刻开心地小步跑上前，并蹲了下来，问道："爸爸，这是什么？"

"你觉得呢？"跟上来的我也看到了，但是我没有直接说答案，而是先反问她。

"不知道。"地上的小芒果很小，是青绿色的，花宝怎么也想不到它是什么。

"你看它的形状像什么水果？"我试着让花宝去思考。

"形状有点像芒果,但它不是芒果啊!"

"跟你平常看到的芒果,有哪里不一样?"我引导花宝去观察。

"它太小了,我们吃的芒果比它大多了。还有,颜色也不一样。"花宝说出她观察到的地方。

"你观察得很仔细。没错,这就是芒果,只不过它还处在小婴儿的阶段。"我除了给予她鼓励和称赞之外,还用花宝能听懂的方式来给她解释。

"所以我们平常吃的芒果是长大后的。"花宝恍然大悟。

"是的。"

"不过,小婴儿应该有爸妈照顾,为什么会掉下来呢?"花宝又有问题了。

"好问题。你觉得为什么呢?"对于花宝的问题,我再度提出反问。

"因为它太重了?不想待在家里?想出去玩,结果一不小心摔跤了?"花宝天马行空地乱想。

"这些答案都有可能。你记得昨天晚上的天气是什么样的吗?"我继续引导她思考。

"昨天晚上下雨了。"花宝说。

"对!雨下得很大。下大雨时,雨水打在身上,会有什么感觉?"

"如果雨很大,打到身上就会痛。"

"小芒果很小,昨晚那么大的雨,打在它身上,会发生什么事情呢?"

"小芒果的力气很小,抱不住树枝,所以它就掉下来了。"花宝说出了她想到的原因。

"你说得很棒。不过,这只是我们的猜测罢了。有时候我们对某件事产生了好奇心,或许无法得知真正的原因,但是可以通过相关的事情做出假设。"

"爸爸,我可以把小芒果带回去吗?"花宝问。

"可以啊。你带回去干什么呢?"

"我要把它放在花盆里种成芒果树。"

反问是培养孩子思考的第一步

当花宝提出问题,我当然可以直接告诉她:"这是芒果。""因为雨水把芒果给打下来了。"但是这样一来,孩子虽然得到了答案,却缺少了一个很重要的过程——思考。

我们直接告诉孩子答案,等于让他的大脑习惯于被动学习,不用工作就有信息塞进来。举个例子,就像是每天都有人送餐到家里给我们吃,我们不用工作,只要躺着等吃饭就可以了,久而久之,身体懒得运转,慢慢生了锈,最后无法工作。

所以,提出反问是培养孩子思考的第一步,激发孩子内心的求知欲,让他问出更多的问题。

第四章 聪明回应孩子常问的七个问题
——多花一分钟，引导孩子的思考力

肯定孩子的思考与表达

把问题还给孩子："你说呢？""你觉得为什么会这样？"或是假装自己也不懂："我也不知道。究竟为什么呢？""我们一起想一想吧！"这两种方式都可以练习孩子的思考能力。

不过，孩子仅靠思考，不一定能找到答案，还需要我们适时地给予引导，不着痕迹地给出提示，用孩子能理解的方式，带领他一步一步去找到答案。

如果孩子不能完整地表达自己的想法，我们可以顺着他的话，联想到可能的答案，再说出几个关键字，帮助并且鼓励他继续表达。这样做的目的在于训练孩子的表达能力，尽可能地把所想到的内容描述出来。如此一来，除了能够帮助孩子思考之外，还能加强他们的表达能力与语言能力。

最后，孩子说出的任何答案，不管是否合乎逻辑，是否符合大人的认知，我们都不要轻易地说"不对""错""不是这样"，这会使孩子去猜测大人早已预设的标准答案。世界上很多事情是没有"对"与"错"的标准答案的，所以面对孩子的回答，我们只要说："你的答案很不错。""你真的很有想象力！""很好，你非常有想法。""我很欣赏你的答案。"

陪孩子一起寻找答案

我们可以利用生活当中的琐事，练习如何向孩子提问，特别是在孩子的学习方面。当孩子问我们："爸爸，这道题要怎么答？""这道题的答案是什么？"请不要直接告诉孩子答案，不管从大人的角度来看问题有多么简单，都要试着反问孩子，把问题抛还给他，或是陪着孩子一起去寻找答案。

培养孩子思考的过程，永远比得到答案重要。父母只需让孩子体会到"自己栽种的果实，永远比别人给的更加甜美"这个不变的真理就行了。

跟着泽爸一起练习亲子沟通

孩子问我们问题时，我们要说：

句型："你说呢？"

"你觉得是什么？"

"对啊，为什么会这样啊？"

重点：反问孩子问题。

句型：你说的答案很不错，不过，可以再仔细想一下……"

"我很欣赏你的答案。"

重点：没有"对"与"错"的标准答案。

第四章 聪明回应孩子常问的七个问题
——多花一分钟，引导孩子的思考力

为什么我要读书？

孩子一定问过我们：人为什么要读书？通常大人会回答"读书是为了以后找到好工作"等功利性的答案。我们此时要正确引导孩子明白一个道理，读书不是为了别人，而是为了成就更好的自己，这样才能将读书的动机深植于孩子心里。

亲子情境：孩子对读书产生疑问

泽泽小学一年级暑假的最后几天，我与他一同检查暑假作业。他突然莫名地感叹起来："好快呀！再过几天就开学了。"我翻着他的暑假作业，回应道："是啊！开学你就可以找朋友玩了。"泽泽并没有露出开心的神情，他淡淡地说："可以找同学是很好玩，但还是在家里舒服。"我抬起头看着泽泽说："我也这么觉得。偷偷跟你说，爸爸在公司上班时，偶尔也有希望待在家里不去办公室的念头。"

突然，泽泽陷入了短暂的沉思，我笑着问他："你在想什么？"泽泽严肃地看着我，问了我一句不知道该怎么回答的问题。

泽泽问："爸爸，为什么我要读书啊？为什么不能一直在家里玩就好了？"

引发孩子读书动机的好机会

当孩子问了需要有人生阅历才能理解的问题时，我们不能说那类让孩子闭嘴别问的答案："问那么多干吗？专心读书就对了。""你现在的身份就是学生，不读书干吗？混吃等死吗？"或是"读书当然是为了赚更多的钱""你现在不读书，是想以后当乞丐吗？"以金钱为读书目的的错误价值观，只会让孩子越来越不理解读书的目的，甚至越来越排斥读书与考试。

换一个角度来看，这或许正是帮助理解孩子"读书动机"的好机会。

我反问自己，小时候的我是为了什么而读书的呢？为了分数？为了挤进好的大学？还是为了进有前途的专业？直到进入社会工作了一段时间，我才发现读书的目的不是为了这些。正因为我们经历过求学阶段的读书，与工作后的种种经历，自然就懂了"书到用时方恨少"以及"活到老学到老"的道理。

泽泽还没升小学二年级，说得太深他听不懂，完全不说又让他有被强迫的感觉。我没有立刻回答，我要好好想想怎么回答才能让他更好地

第四章 聪明回应孩子常问的七个问题
—— 多花一分钟，引导孩子的思考力

理解。

读书是为了成为梦想中的人

我突然想到了一件事，于是伸手环抱住儿子，让泽泽坐在我的大腿上，然后开口问他："泽泽，还记得上个学期，你当选模范生的时候，填写过一份《我的梦想》吗？"泽泽点点头："记得啊。"我问："你当时写的是什么？"泽泽回答："我的梦想是希望当航天员，飞到外太空去探索宇宙。"我说："你觉得需要具备什么样的能力，才能当上航天员呢？"泽泽想了一想，说："航天员要会操作航天飞机，可以在外太空飘来飘去，还要知道每一颗星星的名称和位置。"看来之前带泽泽去天文馆是有帮助的，这果然让他对天文有了大概的了解。

我顺着泽泽所说的方向继续问："航天飞机那么大，要像飞机一样往天上飞，甚至要离开我们所住的地球，是不是需要非常大的力量才可以飞上去？你知道是什么原因让航天飞机能够离开地球吗？"泽泽摇摇头说："不知道。"我接着问："航天飞机里面的仪器很多，而且都是英文的，你看得懂吗？知道怎么操作吗？"泽泽还是摇头："不知道。"我继续说："离开地球是不能呼吸的，所以进入外太空需要带着氧气，你知道要带多少氧气，才足够让一个航天员回来吗？"泽泽当然摇摇头："不知道。"

我抱了抱泽泽："你现在不知道是正常的，这些问题爸爸也不知道。"泽泽一听我也不知道，以为我在跟他开玩笑。我接着说："爸爸虽然不知道航天员的事情，但是关于现在工作上的事情，爸爸可是懂得非常多。告诉你吧，爸爸懂的这些知识，都是从书中得来的。"泽泽似懂非懂地反问："都是从学校里学到的吗？"

我抱着泽泽说："只有一部分是从学校里学到的。学校是学习的一种通道，学校里有老师，可以教给我们基础知识。而学校之外，还有更多学问在等我们去挖掘探索。最重要的是，我们要保持好奇心，时常问为什么，并且不断找寻'好奇心'与'为什么'背后的答案。"

吸收新知识的每个方式都是读书

我见泽泽一脸的似懂非懂，就化繁为简地解释给他听："简单来说，读书的目的就是让我们一步一步成为梦想中的人。泽泽长大后想当一名航天员，那么从现在开始，一切与成为航天员相关的事情都可以学起来：了解为什么航天飞机可以上太空、学会怎么看懂并操作仪器、看懂相关的天文知识，等等，满足你想要成为航天员的好奇心，最后真正成为一个在宇宙中探索的航天员。即使在读书的过程中遇到许多挫折，但这会是引发你努力读书，并且坚持到底的相当重要的原因与动机。"

泽泽的情绪被我调动起来，立刻跑到书柜前拿出了《天文小百科》，他开心地跟我说："那我现在就开始学习！"就这样，泽泽完全沉浸到他的天文小世界里了。

为什么要读书？不是在学校上课才叫读书，而是吸收新知识的每一种方式都是读书。读书可以让我们具备所有的能力，进而成为梦想中的人。或许，泽泽的梦想会随着他的长大而变化，但唯一不变的是那个"追求读书的动机"与"探索答案的好奇",才是成就梦想的不二法门。

> **跟着泽爸一起练习亲子沟通**
>
> 当孩子因为好奇而问:"为什么要读书?"我们要说:
>
> 　　句型:"读书的目的,是可以成为我们梦想中的人。"

他会不会是骗人的？

当孩子内心对需要帮助的人产生怀疑时，先不要跟孩子说对方一定是骗人的，或是趁机唠叨孩子不学习以后就会如何如何。这些说法只会让孩子用自己的思维去评判他人，反倒不会去体谅理解他人的心境与处境，最后容易用自我感觉良好的善意，说出伤害人心的话来。

亲子情境：路边的老妇人

除夕夜，我带着花宝与泽泽走在回父母家的路上，远远地就看到一位年约八旬的老妇人坐在路边，我心想："她应该是在等人吧。"当我们经过她身边时，她面带笑容地一直看着我们。我正觉得莫名其妙时，发现她的手上捧着一个塑胶碗，我脑海里浮现出许多可能性："她的穿着不像是需要帮助的人，但为什么捧着碗呢？而且还是在过年的时候？"此时，这位气质和蔼的老妇人微笑着对我们说："新年快乐！"我也点头示意，同时看到碗里有几个零钱，于是更加确定了我的假设。

第四章 | 聪明回应孩子常问的七个问题
——多花一分钟，引导孩子的思考力

我一边走一边盘算："要帮助她吗？"转过头去，看到老妇人依然挺直腰杆，却低下头，轻声地叹了一口气。我停下脚步，拿出口袋里的一百多元零钱分别交给泽泽与花宝，然后指往老妇人的方向说："把这些钱放到那位老奶奶的碗里。"泽泽疑惑地看着我，我笑着说："没关系，拿过去就行了，要记得说'新年快乐'。"

泽泽率先跑过去，花宝站在原地搞不清楚状况，我拍拍她说："跟着哥哥过去，送给那个老奶奶，对她说'新年快乐'。"很开心接到任务的花宝，跟在哥哥后面跑了过去。

老妇人看到两个可爱的孩子跑过来，露出惊喜的表情。泽泽与花宝没忘记用爽朗的声音说："新年快乐。"老妇人笑着道谢并称赞他们。泽泽与花宝完成任务后，跑回我身边，老妇人的视线跟着他们看到我，我微笑点头说："新年快乐。"她也微笑着对我点点头。

如果是真的呢？

我们继续往前走，泽泽突然发问："爸爸，为什么我们要给她钱？"我想，要怎样用泽泽听得懂的话来回答，然后说："今天过年，我们都会跟谁在一起？"泽泽说："跟家人呀，就像我们现在要去爷爷奶奶家一样。"我说："那么，找家人做什么呢？"泽泽："玩啊，吃饭呀。"我说："是啊。刚刚那个老奶奶，旁边有家人吗？"泽泽想了想，摇着摇头说："没有。"

我继续问："那个老奶奶看起来像是要去玩、去吃饭吗？"泽泽还是摇摇头说："不像。"我说："特别是在过年这种特殊的日子，那个老奶奶没有跟家人一起过节的样子，手上还拿着装有零钱的碗，所以爸爸猜想，或许她需要我们的帮助。"

此时，泽泽突然问了让我意想不到的问题："爸爸，那你觉得……她会骗我们吗？"我一怔，反问道："你觉得她会骗我们吗？"泽泽皱了皱眉，想了一会才缓缓地说："其实她有家人在等她吃饭，所以有可能是骗我们的。"我说："这当然有可能，但如果不是呢？"泽泽又陷入了深思，才说道："如果不是的话，只有一个人过年，应该是需要帮助的。"

听到这儿，我再次停下脚步，转过身对泽泽说："爸爸不知道那个老奶奶有没有骗我们。就像你说的，有可能是真的，也有可能是假的。"我顿了一下，接着说，"不过，爸爸只知道，如果被骗，也就这一百多元钱；但如果是真的，对那个老奶奶而言，这小小的帮助绝对远远超过这一百多元的价值，特别是在这个应该与家人团聚的日子。"泽泽点点头，似乎是听懂了，跟着我继续往爷爷奶奶家走去。

培养孩子理解他人的契机

当我们看到需要帮助的人，父母要首先做第一层判断，如果家长认为对方不像是装的，但孩子的内心却产生了怀疑，此时先不要急着否定:"他一定是骗人的,我们不用理他。"或用批评式的伤人话语教训孩子:"所以你才要用功读书,不然你就会跟他一样。"甚至高高在上地用带着怜悯的语气说:"拿这些零钱去可怜他。"

我们可以试着用孩子能理解的方法,设身处地地帮助孩子感受他人的心境与处境,让善意在孩子心中萌芽。随着类似的事件的发生,孩子就会越来越懂得理解他人。

除夕夜,家人们在一起聊天、吃饭、拍照,我偶尔会想起这个气质与众不同的老妇人,不知坐在路边的她背后有什么样的故事,希望她以后的每一年都可以过个好年。

跟着泽爸一起练习亲子沟通

当孩子对需要帮助的人产生怀疑时,我们要说:

句型:"你觉得他会骗我们吗?"
重点:反问孩子,让他思考。

句型:"如果是,会如何?如果不是,又会如何?"
重点:让孩子更深一层去思考两种不同的情况。

比中指是什么意思？

当孩子问及一些难以启齿的问题时，与其逃避说"等你长大之后，自然就知道了"，不如直接告诉他们，培养他们判断是非对错的能力。即使我们无法回答得很完整，或是并不知道正确的答案，但只要让孩子知道对错，在下一次遇到同样的问题，他们自然会去寻找答案。

亲子情境：高年级学生的玩笑

"爸爸，比中指是什么意思啊？"有一次我骑车接泽泽回家的时候，他突然问了我这个问题。我怔了一下，要怎么回答这个问题呢？我先反问泽泽一个问题。

"你怎么会想到问爸爸这个问题呢？"

"因为在学校的时候，一些高年级学生对我们比过中指。"

"他们是在什么情况下对你们比的呢？"我更加好奇了。

"有时在操场或走廊上遇到了，他们就对我们比了中指，

第四章 聪明回应孩子常问的七个问题
——多花一分钟，引导孩子的思考力

然后又笑着说：'哎呀，不能比，不能比。'然后把中指收起来，一群人就笑着离开了。"

"你认识他们吗？"

"不认识。"泽泽摇摇头。

看来，这只是男孩们自以为好玩的举动罢了，并非恶意的挑衅行为。

直接面对孩子的问题

我本想跟泽泽说"没关系，不要理他们就好"，或者"下次看到了，就躲他们远远的"这类话。但逃避的说法并不能满足孩子，反而会让他在不明就里的情况下模仿这个行为。假如不经意中对知道其涵义的同学比了中指，后果可是不堪设想。

在这信息爆炸的年代，唯有坦然面对这些孩子迟早都要懂的事情，才能够杜绝他们因好奇而做出夸张并危险的行为。况且我们避而不谈，孩子与同学之间也会讨论，或是通过网络寻找答案，我们能逃避到何时呢？

用孩子听得懂的方式来说明

"我们每一个人说出来的话，有好听的也有不好听的，用手指头比动作也是。像大拇指向上，意思就是你很棒。"我对泽泽说。

"大拇指向下，表示你很差。"泽泽立刻反应。

"是的！所以比手指头就像说话一样，意思有好有不好。比中指就是不好的意思。"我轻松地笑了笑。

"那到底是什么意思啊？"泽泽问

"大意就是我非常讨厌你，想用很难听的话来骂你，甚至挑衅对方的意思。"我想了一下，试着用他听得懂的话来解释。

"为什么不直接说，还要比画呢？"泽泽疑惑地问我。

"有时候情绪一上来，嘴巴急得说不出话，手势比语言要快得多。"

"但是我又不认识他们，为什么他们要对我比中指呢？"泽泽想了一想，又问。

"他们应该没有特殊的意思，有些男孩子故意对比自己小的人做这个手势，比如，高年级生对你们这样。只是他们以为这样很好玩。"我回答。

"原来是这样。"

"所以，当他人对你做出这种自以为好玩的不当行为时，你不要理会就好。"我继续说，"另外，既然已经知道这个手势是不好的，我们就不要对别人做。即使是开玩笑也不行。对自己的同学与朋友这样做，他们会不喜欢；对不认识的人这样做，对方会生气，甚至有可能冲过来打你，这可就一点都不好玩了。"除了跟泽泽解释手势的含意，更要说明胡乱模仿的后果。

"好，我不会那么做的。"

第四章 聪明回应孩子常问的七个问题
——多花一分钟，引导孩子的思考力

学习是非对错的判断能力

现在信息传播得太快，有些话题我想不到孩子会在小学时就发问，但我始终秉持的态度是：让孩子学习判断是非的能力，远比避而不谈重要得多。但一些孩子暂时不需要知道的东西，就无须多做解释，例如，我很不喜欢大人跟孩子开玩笑："你在学校有没有男（女）朋友啊？"这样的问法是鼓励他去交男（女）朋友吗？

另外，回答孩子的问题时，切勿过于深奥，要在孩子理解力的基础上回答。如果讲得太多，孩子会更加不懂，并衍生出更多的"为什么"，导致大人招架不住。只要让孩子知道什么是对，什么是错，下次遇到同样的问题时，他可以明确地判断出对错，能够保护自己就够了。未来，随着孩子的成长而产生更多疑问时，我们再适时解答即可，不用急于一时。

毕竟，孩子每一次的问题，都在考验着我们的反应！

跟着泽爸一起练习亲子沟通

当孩子问我们比中指或脏话的意思时，我们要说：

句型："我们说出来的话，有好听的也有不好听。打手势也是如此。"

为什么大人可以，而我不行？

当孩子渐渐长大，行为语言能力发展得越来越好，开始会对我们给他建立的规则产生质疑："为什么大人可以，我不可以？"此时，我们要用孩子能听懂的方式，告诉他"大人与孩子的差别"以及"放任你做这件事的后果"。只有这样孩子才能听进去大人的话，发自内心地理解与认同。

亲子情境：为什么不能喝可乐？

一次我们全家去餐厅用餐，每人各点了一份套餐。

"饮料我要可乐。"我在点餐时跟服务生说。

"我也好想喝可乐。"泽泽听到了，对我说。

"不行，小孩子不能喝可乐。要喝饮料的话，请选择果汁或柠檬茶。"

"为什么你们大人就可以喝？而我不行。"泽泽抗议道。

第四章 聪明回应孩子常问的七个问题
——多花一分钟，引导孩子的思考力

过犹不及

生活中，我们常常禁止孩子做某些事，比如：看电视换台时，当出现不适合孩子观看的画面时，我们会立刻换台或让他们不要看；糖果零食，父母想吃就自己拿，但孩子想吃了，却必须经过大人的同意。孩子难免会大声抗议："为什么大人就可以？而我不行。"

有些父母听后，认为应该以身作则，不许孩子做的事情，自己也不能做，甚至失去自我也不在乎，于是不喝饮料、不买饼干糖果、电视机也收起来。当然只要大人心里不觉得委屈，不认为是牺牲，也没什么不好。

有些爸妈面对质疑不知该如何解释，只好不加以限制，给孩子喝可乐、看节目不过滤、与孩子一起大吃糖果零食。说得好听叫"尊重"，实际上却是不负责任的"放任"。结果就是孩子正餐不好好吃，身体健康出现状况、严重蛀牙，以及因接收不良信息而早熟。

有些父母知道要坚守规矩，但不知道该如何解释，只好以大压小，"对！因为我是大人""小孩就是要听大人的"这类毫无说服力的理由，让孩子口服心不服，一有机会的话就可能去做大人禁止的事。

以上这些状况，相信都不是我们所希望见到的。

很多事情只有小孩才可以做

"为什么你们大人就可以？而我不行。"点餐的时候，泽泽问了我这句话。

"因为大人小孩本来就不同。"回到座位上,我跟泽泽说。

"为什么?哪里不同?"泽泽再次反问。

"很多事情,只有小孩子可以做,但大人不能做。"我说。

"什么事情?"泽泽继续追问。

"比如,去儿童乐园,是不是很多设施只有你和妹妹能玩,爸爸和妈妈不能玩?你们玩的时候我们在干什么?"换我反问他。

"在旁边陪我们。"泽泽笑了一下,似乎有点听懂了。

"玩具店主要是让谁去逛的?"

"嗯……小孩子。"

"亲子馆只有六岁以下孩子的游乐设施,而没有大人的。带你们去看儿童舞台剧,我们大人其实看得很无聊,"我一连举了好几个例子,"所以,很多事情在本质上就有适合大人或适合孩子的差别,就像可乐、饼干与糖果影响小孩的健康程度比大人更严重;看到不适合看的电视节目,小孩会恐惧害怕,晚上做噩梦、不敢一个人在房间里,等等。这就是为什么有些事情'大人可以,但小孩不行'。"

"知道了,我还是乖乖地喝橙汁吧。"

"你明明知道为什么,但就是想试试看有没有机会。"我摸摸他的头,泽泽吐了舌头,他的小心思被爸爸发现了。

做自在又快乐的父母

不要因为孩子而过度改变自己,不要因为孩子的一句抗议就百般束缚自己。明明很爱看电视，却为了孩子把电视机收起来；老婆喜欢囤积饼干零食，嘴馋时可以吃一点，却为了孩子全都藏起来。当然，身为父母肯定需要做出妥协，比如，减少看电视的时间、趁孩子上学或睡觉时再享受可乐与零食等，但没必要完全改掉自己的喜好。

毕竟，父母如果为了孩子而失去自我，快乐会减少很多。有自在又快乐的父母，才会有自在又快乐的孩子。

跟着泽爸一起练习亲子沟通

孩子对大人的行为产生抗议时："为什么大人可以，我就不行？"我们要说：

句型："很多事情，只有小孩子可以做，大人却不能做，比如……"

重点：列举大人与孩子的差别。

句型："可乐、饼干与糖果影响小孩健康的程度比大人严重。小孩吃太多的话，可能会……"

重点：说出这些事情如果不加节制去做的后果。

人为什么要活着？

当孩子问的问题范围太广，或是已经到达哲学层次，很难用大人的话语说明时，不如举生活中的例子，引导孩子更好地理解，以免孩子通过网络或其他方式得到负面的答案。

亲子情境：孩子询问生死问题

一天，泽泽突然问了我与妻子一个颇具哲理性的问题。

"妈妈，人为什么要活着啊？"泽泽问。

"怎么了？"妻子有些惊讶泽泽会问这样的问题。

"人不是都会死吗？"泽泽用纯真的眼神看着妈妈。

"是啊，然后呢？"

"既然人都会死，为什么要出生呢？"

"你怎么会问这个问题？"我好奇他怎么会想到这个问题。

"就突然想到而已。"泽泽不以为意地答道。

第四章 聪明回应孩子常问的七个问题
——多花一分钟，引导孩子的思考力

与其找到错误答案，不如大人正确引导

孩子渐渐长大后，自然而然地产生出许多好奇心，比如，关于成长、人体、异性的差别等。"我是怎么出生的？""为什么男生与女生尿尿的地方长得不一样？""大人为什么要上班？"这类问题会随着好奇心逐渐萌芽而困扰着他们，他们提问的首选对象就是爸爸妈妈。

假如我们用逃避与闪躲的态度回答他们："你现在问这个干吗？""你长大以后自然就知道了。""不知道，去问你爸爸。"在信息如此发达的年代，充满好奇的、动手能力极强的孩子，可能从网上或同学那里得到不合适的答案。

比起讲孩子听不懂的大道理，还不如抛砖引玉，用生活中的实例来引导他们。

用生活案例来解释

要如何回答这个问题？我想了想，决定先试着反问泽泽。

"儿子，你觉得呢？为什么人要活着？"

"不知道。为了做自己喜欢的事情吗？"泽泽稍微地思考了一下。

"不错，很棒的答案！你喜欢的事情都有哪些呢？"

"看书、玩玩具、看电视、和爸爸打球、全家出去玩……"泽泽说了一堆他喜欢做的事情。

此时，我想到可以拿生活中的事情向他举例解释。

"爸爸问你另一个问题,你会不会吃东西?"

"会啊。"泽泽点点头。

"那吃完之后会不会大便?"

"当然会。"泽泽又点点头。

"既然都是变成大便,那为什么要吃好吃的东西呢?"我看着他。

"嗯……"泽泽紧锁眉头,思考着。

"爸爸再问你,我们吃到美食的感受是什么?"

"很好吃、很享受、很开心、很满足。"泽泽回答。

"既然我们吃的东西都会排出来,为什么还是想吃美食呢?"

"因为吃东西的感受?"

"没错,重点是吃东西的过程。"我松了一口气,看来这个例子举对了。

"人活着也是如此。每个人都会死,但只要活得开心、满足、享受,即使最后死了,也不虚此生。"

"怎么样能活得开心、满足、享受呢?"

"就像你一开始说的,'做喜欢的事情'就很不错。然而,每个人的感受不一样,每个阶段的责任不一样,每个年龄的领悟也不一样,需要你自己去体会。"

"爸爸,你的体会呢?"泽泽问我。

"以前的我还无法体会,直到我当了亲子讲师与作家之后,感受到很大的成就感、满足感与价值感。我把喜欢做的事情变成志向与事业,特别是演讲时,看到台下的爸爸妈妈们,因为我的分享而有所领悟、有

第四章 聪明回应孩子常问的七个问题
—— 多花一分钟，引导孩子的思考力

所收获的时候，这种美妙的体会是金钱换不来的。"我满心欢喜地分享道。

"这么说，我们喜欢做的事，不仅仅是玩了？"

"没错。人生在世，随着成长要承担不同的责任。把自己的喜好与责任相结合，是一件很美好的事。比如，爸爸现在的开心满足、价值感，是来自对社会的贡献和回馈。"

"嗯……"泽泽听了我的话若有所思。

"不懂也没关系。等你长大了，再慢慢体会。"我拍了拍他的头。

给出问题让孩子思索

当孩子问了我们难以回答的问题时，我们要先懂得反问孩子，而不是一股脑儿地扔给他一堆解释，否则孩子就不愿意动脑筋，会因此走神儿。反问的好处是，可以把问题抛给孩子去思索，进而产生交流。毕竟，主动思考比被动接收更重要。

接着，我们用生活当中的事件来举例说明，让孩子有所体会。我们之所以懂，是因为经历过了人生历练有所领悟，而孩子还没有这些经验，所以给他们讲人生大道理，只会让孩子感到无聊。说教的时间再一长，更会让孩子想要逃开，下一次也不敢再问了。

有感悟的生活实例，能够帮助孩子更好地理解问题，进而建立基本概念。更重要的是，孩子在成长的道路上自身的寻找与探索。

人为什么要活着?

跟着泽爸一起练习亲子沟通

当孩子问了难以回答的问题时,我们要说:

句型:"你觉得呢?"

重点:先试着反问孩子,让他去思考。

句型:"我问你另一个问题。"

重点:用生活中的真实事件来举例。

第四章 聪明回应孩子常问的七个问题
——多花一分钟，引导孩子的思考力

爸爸妈妈，可以请你们帮我吗？

孩子有时候会请我们帮忙，但有时说得很简略，甚至表现得不够尊重，这时要纠正孩子的说话方式。

我们非常愿意帮孩子任何忙，而孩子也可以直接提出需求或询问，但不应该带着命令的口吻；我们会苦口婆心地教导孩子许多道理，而孩子也可以阐述内心的想法，但不能持敷衍与不耐烦的态度。

因为我们是孩子的父母，不是佣人。

亲子情境：孩子要求父母帮他做事

"爸爸，我渴了。"泽泽吃饭时，突然说出这句话，但眼睛却看着桌子上的菜。

"所以呢？"我转过去看着他反问。

"我想喝水。"泽泽此时才看着我的眼睛。

"去倒水喝吧！"

"我想要爸爸帮我。"

"请问你希望爸爸怎么帮你?"我故意问他。

"帮我倒水。"

"当然可以。不过,整句话应该怎么说呢?"

"爸爸,可以请你帮我倒水吗?"

"没有问题,爸爸很乐意帮你的忙。不过,请你下次直接说整句话,而不是只说你很渴,仿佛我有责任猜懂你的意思。知道吗?"

"好的。"泽泽点点头。

别忽略孩子不尊重的话语

有时候,孩子对我们说话会过度省略,甚至不尊重,用简单的命令口吻期望爸妈帮他做。我们要费心去猜测他话里面的意思。

有些爸妈并没有意识到这么做有什么不对,孩子一句简单的命令,他们就立刻去做。

"妈妈,太沉了。"

"来,包包给我。"

"爸爸,我很热。"

"我来开空调。"

"这个看起来很好吃。"

"好,给你吃一个。"

包括我们跟孩子说话的时候,孩子也会用敷衍与不耐烦的方式来回应。

"爸爸刚刚说的,你知道了吗?"

"嗯。"

"所以,你下一次就要……"

"好了,我都知道,你不要再唠叨了!"

虽然这并不是故意的,但却是不尊重爸妈的行为。长此以往,孩子会把对爸妈的这些回应延伸到其他同学、长辈、老师身上,因为他们从来都不知道这是需要修正的行为。

用反问的方式来教导

当孩子对我们下了简单的指令,或是用敷衍的态度回应我们,我们就要反问他。

"妈妈,太沉了。"

"然后呢?"

"我很累,可以帮我拿一下包包吗?"

"爸爸,我很热。"

"你的意思是?"

"请问可不可以开空调?"

"这个看起来很好吃。"
"是啊。那……你想要表达什么?"
"我可以吃吗?"

"爸爸刚刚说的,你知道了吗?"
"嗯。"
"'嗯'是什么意思?请看着我说'知道了'。"
"爸爸,我知道了。"

"所以,你下一次就要……"
"好了,我都知道,你不要再磨叨了!"
"不能说'好了!'请你好好再说一次。"
"妈妈,你说的我都知道,我下一次会做到的。"
"对,这样说才正确,听的人会感觉舒服。"

当孩子说得正确时,我们要大声地称赞:"对,这样说就对了。""没错,爸爸希望听到你这样跟我说话。"

孩子先尊重父母,才会尊重他人

让孩子知道,我们会帮他是因为爱他,我们会教他也是因为爱他,但是,不能将父母做的事视为理所当然。所以孩子的回应必须尊重父母,这绝对是我们需要教他的。当听到孩子的命令与敷衍时,用不着生气,但要留意,然后一次次地教导他。

父母是让孩子学会尊重他人的起点,希望孩子尊重他人,首先要教他如何尊重父母,因为我们是孩子对外连接的起跑线。

跟着泽爸一起练习亲子沟通

当孩子跟爸妈说"我很渴"时,我们要说:

句型:"所以呢?你希望爸爸能怎么帮你?"

第五章

"不说话"的五种沟通方式

——耐心倾听,陪孩子度过情绪期

爸爸与妈妈两个角色，一般而言，妈妈比较会听孩子说话。爸爸不是"嗯、嗯、好啦！"结束谈话，就是长篇大论。于是孩子渐渐地不知道该跟爸爸说什么了。孩子搬出去住之后，打电话回家，电话那端传来爸爸的声音，孩子反射地说了句："爸，我妈在吗？"毕竟，孩子长久以来只需要提供耳朵，不需要动嘴，最后就变成闭嘴了。

亲子之间的双向沟通，"听"是最重要也最难办到的。

听孩子说话，会让他感受到我们的陪伴。

听孩子说话，会让他体会到我们对他的认同。

听孩子说话，会让他产生我们懂他的感觉。

听孩子说话，会让他说很多很多的话。

听孩子说话，会让他喜欢跟我们讲话。

倾听，是不打断、不批评、没有主观评论与预设立场，只有眼睛看着对方专心聆听着每字每句、传递出"我喜欢听你说话"的氛围。

很爱发表高见的人，周遭满是趋炎附势的附和者；喜欢批评他人的人，众人避之唯恐不及；会倾听他人说话并且做出适当回应的人，肯定是朋友中最有人缘的一个。

让我们试着不说话，成为孩子长大后最思念、有事情会首先想到找我们分享的父母。

孩子哭闹时,请陪伴他哭完

哭,是孩子最正常、最普通的宣泄方式,随着年龄渐增,孩子的内心会变得更坚强,哭泣的次数越来越少,所以孩子愿意在我们面前哭是非常珍贵的一件事情。

亲子情境:孩子因游戏而哭泣

案例

"爸爸,我的玩具呢?"花宝翻着她的玩具箱,冲我大喊。

"我不知道,你刚才不是还在玩吗?"

"但是我找不到了。"花宝有些心急,翻箱倒柜地找起来。

"你想一想,上次玩完以后,放到哪里了?"

"它坏掉了,我的玩具不能玩了!"

虽然花宝找到了她的玩具,却因为零件折断不能玩了而放

第五章 "不说话"的五种沟通方式
——耐心倾听,陪孩子度过情绪期

声大哭。

案例

"哥哥,我想要当鬼。"一群孩子在玩游戏,花宝自告奋勇说要当鬼。

"不行,你之前已经当过了,该换别人了。"泽泽坚持按照顺序轮流当鬼。

"那我不玩了。"花宝听到自己的要求被哥哥拒绝,生气了。

"好啊,那就不玩好啦。"

"哇——哥哥叫我不要玩了。"花宝立刻大哭起来。

孩子的情绪就像一座小火山

不管是大人还是小孩都有情绪,如果把情绪比喻成火山,大人的火山容量比较大,也就是说,大人更能囤积、压抑情绪。而且成年后累积的经验告诉我们,当感觉到内心的火山正在冒烟,快要喷发时,赶紧使用适当的宣泄方法,比如,跑步、听音乐等,让火山降温。所以一个人年纪越大,哭的次数就越少。

小孩的火山容量比较小,很容易被一些在大人看来无所谓的小事所产生的情绪给装满。他们没有其他的宣泄方法,所以一旦愤怒、难过、紧张、害怕的情绪在内心涌动时,只能用唯一的招数来宣泄——哭泣吵闹。

孩子大哭大叫，爸妈会觉得很吵，第一个反应往往是制止孩子哭闹："不许再哭了""再哭试试看""再哭就不抱了"。有些父母觉得这点小事有什么好哭的，顺嘴说出毫不在意的话，像是"这有什么好哭的""哭有用吗"，甚至对男孩子说："男孩子还哭，好意思吗？"

先搞定情绪，再处理事情

当孩子用哭闹来宣泄情绪时，千万不要跟他们讲道理。因为情绪火山爆发时，大脑中的反抗机制会自动开启，这时孩子是听不进任何话语的。我们越说孩子越不想听，还会狡辩、顶嘴、捂住耳朵或不管不顾等反应。

所以孩子哭闹的时候，爸妈要做的不是讲道理、威胁、不在意或要求孩子不许哭，而是要先理解孩子的情绪，陪伴他哭完。

"你的玩具坏了，一定很难过。过来，爸爸抱抱。""哥哥说你不要玩了，你当然会生气的。"我没有说孩子的哭是对还是错，只是把我看到的情境和孩子的情绪描述出来，让孩子有种被理解的感觉。

接着，再跟孩子说"我陪你哭完""等你哭完，我们再说"，直到孩子的情绪稳定了为止，让孩子知道"我会陪伴着你把情绪发泄完"。

所有造成孩子哭闹的原因，都等他哭完后再厘清并处理，无须急于一时。孩子在宣泄情绪时，感觉到有人理解他，他最信任的人陪在身旁跟他一起面对，这样情绪才容易平复。接着，孩子的反抗机制自动关

第五章 "不说话"的五种沟通方式
——耐心倾听,陪孩子度过情绪期

闭,愿意听进我们的道理,也更加愿意告诉我们事情是怎么回事。

学会正确宣泄情绪的方式

虽然我们理解孩子的情绪,并陪在他身旁一起度过,但前提是不能够打扰别人,因为"情绪本身没有对与错,只看有没有影响到他人"。如果孩子的情绪过于激动,甚至出手摔东西、打人,这时就要抓住孩子的手直接制止他:"你可以生气,但不能打人。要是你很想摔东西,请你摔枕头。"或是孩子哭闹的情绪太久、哭声太大而影响到旁人,我们要说:"你可以难过,但是不可以让别人感到不舒服。要是你还想哭,爸爸带你到不影响他人的地方继续哭。"

理解孩子是对的,陪孩子哭完是好的,但更重要的是教给他正确宣泄情绪的方式。首先不能影响他人,其次使用合适的宣泄方式。这样,孩子长大后才能成为一个情绪管控良好的成人。

跟着泽爸一起练习亲子沟通

孩子哭闹时,我们要说:

句型:"玩具坏了,你一定很难过。"
重点:理解孩子的情绪。

句型:"我陪你哭完。"
重点:陪孩子一起面对。

孩子沮丧时,请理解并支持他

孩子随着年纪渐长,内心会产生许多情绪,他们往往连自己都不知道为何会心情不好,只觉得不开心,也说不出来原因。特别是到了青春期的孩子,会将更多的事情藏在心里,只愿意跟朋友说,不想跟爸妈说;只愿意闷在心里翻来覆去地纠结,也不想在爸妈面前示弱。

亲子情境:孩子不想说话

有一次接泽泽放学,他的表情有些闷闷的。我想他可能是上了一整天的课有点累,于是一路上找了很多话题跟他聊天。

"你今天都干什么了?"我问。

"没有什么!"泽泽依然闷闷地回复道。

"下课跟某某某去打篮球吗?"我换个话题。

"有啊。"

"打得怎么样呢?"同样的话题再问得深入一些。

"不怎么样。"泽泽敷衍地回应着我。

第五章 "不说话"的五种沟通方式
——耐心倾听,陪孩子度过情绪期

"刚上完足球课,累吗?"我又换了一个话题。

"还行吧。"泽泽又给这个话题画上句号。

"今天是分组比赛吗?"

"是啊。"

"你的那一组是输还是赢啊?"

"输了。"泽泽说。

"你进球了吗?"

"……"泽泽突然不说话了。

"怎么了?爸爸感觉你似乎心情不太好。"我揽着泽泽的肩,低头看着他。

"嗯。"泽泽点点头。

"要跟爸爸说一说发生什么事情了吗?"

"没什么,我不想说。"泽泽说完,继续低着头往前走。我看着泽泽的身影,突然有种他已经长大的感觉。

对孩子放手

当孩子心里有情绪不愿意跟家长倾吐的时候,千万不要强迫他,"到底发生什么事了,你给我说出来"或者半是威胁地说,"好啊,不想说是不是?以后你想说,我还不想听呢!"这么说只会让孩子把事情更深地藏在心底。

当孩子成长到另一个阶段时,爸妈需要做的绝对是"放手",让孩子有一定的私人空间与想法，但在放手的同时，也要给予理解与陪伴。

等待孩子自己愿意说

"儿子啊。"我追了上去，伸手搂着泽泽的肩膀。

"嗯。"泽泽抬起头看着我。

"爸爸知道你的心情不好，不想说没有关系。但是只要你愿意告诉我，我一定会陪你面对这件事情。"我很认真地看着儿子，说出这句话。

"好，谢谢爸爸。"

接着，我们父子俩一声不吭地回到家，就像刚刚的对话没有发生过似的，但我却是默默地在等待泽泽愿意说的那一刻。

"爸爸，你现在有空吗？"吃完饭后，泽泽跑来找我。

"当然有空啊，怎么了？"我立刻把电脑放到一边，全神贯注地看着泽泽，我猜他应该是想说今天在学校发生的事情了。

"你之前不是问我发生了什么事情吗？"泽泽说。

"对啊，到底是什么事情，让我的宝贝儿子这么郁闷？"

"我今天踢足球的时候，被高年级的人嘲笑。"

"为什么要嘲笑你？"

"因为我踢不到球，他们笑我踢得很臭，最后比赛输了，他们都来怪我。"泽泽讲到当时的情况，还是有些难过。

"这样啊，他们怎么能这样？难怪你会这么难过。"我心疼儿子，

第五章 "不说话"的五种沟通方式
——耐心倾听，陪孩子度过情绪期

给了他一个大大的拥抱。

"说出来以后，心情好一点了吗？需要爸爸为你做些什么吗？"我再问。

"现在没事了，谢谢爸爸。"泽泽对着我浅浅地微笑。

"没事就好。爸爸真的很高兴，谢谢你告诉我这件事情。"我又抱了他一下，他就去做自己的事情了。

支持孩子，让他卸下心防

"爸爸知道你的心情不好，不想说没有关系。"这句话表达的是认同孩子的情绪，以及对他不想说出来的理解。"只要你愿意告诉我，我一定会陪你面对这件事情。"这句话传达的是我们会在你身旁给予亲人的陪伴。

心里有事的孩子，感受到我们真心的理解与陪伴，体会到"爸妈真的很了解我"与"爸妈会永远支持我"的感觉，相信就会卸下心防，发自内心地自愿来找我们倾诉。

一旦孩子愿意鼓起勇气走到父母身边，准备把不愿意说的事情说出口时，如果父母依然只顾做着自己的事，一副毫不在意的样子，让孩子站在一旁空等，或是心不在焉地听着，这些反应只会让孩子感到后悔，以后就不会对大人说心事了。

所以，不管我们是正在用电脑、看手机、看电视，或是打电话，请务必把手边所有的事情放下，把孩子的事放在第一位。强烈地给予孩子"你的事情对我而言，永远都是最重要的"的感觉，这样，孩子会更加信任我们，很多事情都愿意跟我们说。

最后，别忘了说："谢谢你告诉我这件事情。"这句神奇的话可以让我们与孩子的心产生无可取代的亲情联系。

跟着泽爸一起练习亲子沟通

孩子心情沮丧却不愿意跟我们说时，我们要说：

句型："我知道你的心情不好，不想说没有关系。"
重点：表达对孩子的理解。

句型："只要你愿意告诉我，我一定会陪你面对这件事情。"
重点：传达陪伴孩子的意愿。

句型："谢谢你告诉我这件事情。"
重点：与孩子产生情感联系。

第五章 "不说话"的五种沟通方式
——耐心倾听，陪孩子度过情绪期

孩子觉得大人不懂他时，倾听并讨论出共识

不管是在演讲后，还是粉丝的来信，我常常收到很多父母发来的困惑与疑问，不过我发现许多爸妈询问亲子沟通的问题时，并不是真的想知道如何与孩子做到双向沟通，而是只想得到"让孩子不要再吵的方法"或"快速说服孩子的秘招"，也就是想让我告诉他们，如何让孩子听爸妈的话。

亲子情境：小孩子懂什么？

有一次在某个小学的演讲结束后，一对爸妈走过来询问我关于教育方面的问题。他们高年级的孩子则是远远地站在一旁，装作一副不在乎的样子。

"泽爸，请问有什么方法可以让孩子多花点时间在学习上？"爸爸问我。

"孩子怎么了？"我问。

"他的成绩不好，我们想花钱让他补习，他还不愿意

去！"妈妈接着说。

"对啊，真是不知好歹，多少人想去补习还没有钱呢，实在是人在福中不知福。"爸爸立刻在一旁帮腔。

"搞不好你孩子的兴趣不在这里，你可以陪着他一起去找到他的兴趣点。"我用缓和的方式来回答。

"兴趣可以当饭吃吗？！每天在家不读书，都不知道在干吗，实在是浪费时间。"爸爸的口气略带不悦。

"什么浪费时间，我想做的事情，你们不让做；我什么都不做，你们又嫌弃我。"站在远处的孩子忍不住走过来插话了。

"你想做那些事都是没用的、对将来没有帮助的。我要是答应你，花钱让你去学，我才是发神经呢。"爸爸立刻反驳道。

"算了！说了你们也不懂。"那孩子涨红了脸，又退回原本的位置。

"你才不懂，小孩子懂个屁呀！"爸爸更生气了，他用手指着孩子大声吼道。我一脸尴尬地赶紧做和事佬。

亲子沟通的危险信号

当听到孩子对爸妈说"说了你们也不懂"的时候，等于发出了沟通不畅的危险信号，这句话传达的深层意思是："我曾经努力想要跟

第五章 "不说话"的五种沟通方式
—— 耐心倾听,陪孩子度过情绪期

爸妈沟通,但是发现完全没有效果。于是,我决定从现在开始不再沟通了。"

如果爸妈此时以高高在上的姿态回应孩子:"你是我生的,我怎么会不懂?""你才不懂,小孩子懂什么!"只会让孩子更加坚定不跟爸妈表达任何想法的决心。以后再想打开孩子的心门,绝对是难上加难了。

听孩子说,比对孩子说更重要

当我们对孩子说的话不认同,孩子说出"说了你们也不懂"时,爸妈要做的第一步是:检视自己与孩子的对话状态。有一种对话状态是军事化的,孩子对于父母的"命令"只能绝对服从;另一种则是假民主,表面上会倾听孩子的心声,目的是为了说服。这两种状态,都会让孩子认为父母根本不想理解我。

父母唯有真正地把孩子的话听进去,适度地表达想法,一起找到共识,才是真正的沟通。毕竟,沟通的本质,不在于说的人说了多少,而是在于听的人听进去了多少。有了亲子共识的经验累积,孩子才会慢慢体会父母的心意。

第二步则是跟孩子说一句很重要的话:"我很想理解你,请你说说看,我在听。"然后,孩子愿意说的时候,请不要打断他,也不要插话,更不要批评指责,尤其不要流露出不耐烦的、觉得他很幼稚的表情。要耐心地把孩子的话全部听完后,说一句:"我知道了。谢谢你愿意告诉我这些事。"

接下来，切忌说"不过……""但是……"这些转折词来反驳他们，而要说："你觉得爸爸妈妈该怎么做呢？"最后，不管家长有任何想法，也不要直接下达命令，而是用提问的方式让孩子自己思考："你花这么多的时间去练习跳舞，功课能做完吗？"让孩子学习思考，学习处理问题。因为孩子长大了，很多时候我们只要听他说就好了。

亲子共同成长的路上，"听孩子说"绝对比"对孩子说"更重要。

与泽爸一起练习亲子沟通

孩子对于我们说的话不认同，说："说了你们也不懂。"我们要说：

句型："我很想懂你，请你说说看，我在听。"

第五章 "不说话"的五种沟通方式
——耐心倾听,陪孩子度过情绪期

孩子想象时,顺着他的话去说

当孩子天马行空地跟我们述说他的想法时,不要用大人的角度来评论,跟孩子说他的想法不可能、很幼稚,这会扼杀孩子的创意。被大人轻视后,孩子以后有任何想法也不想再跟爸妈说了。

亲子情境:我要飞去美国

机场地铁试运营没多久,我带着泽泽与花宝去体验新的地铁路段。从车站入口进去,走上扶梯,泽泽与花宝挂着满脸新奇的笑容,从上往下俯瞰整个大厅。

"我们要去哪里啊?"花宝问。

"地铁的机场第二航站楼。"我回。

"从那里就可以直接到机场吗?"花宝好奇地转过头问我。

"可以啊。"

"哦,我就要直接飞去美国了。"花宝开心地大叫。

"你现在要去美国啊,那我们得先回家拿护照。"我笑着回应她。

"不用,一会儿躲在其他人的行李箱里就可以了。"花宝说。

"你挤得进去吗?要飞很长时间的。"

"当然可以,爸爸,你看。"花宝当场弯腰蹲下,在地铁大厅里展现她柔软的腰力。

"好,爸爸相信你。你抵达美国之后,想去哪里呢?"我赶紧把花宝拉起来,继续顺着她的话说。

"我一到美国,就立刻去迪士尼乐园玩。"

"这么快,不休息一下吗?"

"不用,因为迪士尼乐园就在美国机场的外面,一打开门就看到了。"

"原来在隔壁呀。"

"是啊,我到迪士尼乐园后,要去找米妮玩,因为我已经打电话跟她约好了。"

"你居然有米妮的电话!我怎么不知道?"我假装很惊讶。

"因为她是我的好朋友。"

"原来如此。"

"还有还有……"从进入地铁到到达目的地,花宝的话匣子一直没关上过。

第五章 "不说话"的五种沟通方式
—— 耐心倾听，陪孩子度过情绪期

不要现实地回应孩子的想象

假设前述情境中花宝说的每一句话，我们都很现实地来回应她："我们不可能现在去美国。""躲在行李箱里？别傻了。""迪士尼乐园不在机场外面。""你怎么可能会有米妮的电话。"接着，孩子或许会回答："真的有！""爸爸，我当然知道不可能。""我不想再继续说了。"当孩子感受到反驳或轻慢，都会使亲子之间的对话画上句点。

倾听并回应孩子的想象力

孩子是最富有想象力的，越小的孩子越如此。他们的内心可以分辨出现实与想象的差别，但就是喜欢用想象遨游天际，去触摸无限扩展的世界。有时大人的评价会局限住他们。所以，不管孩子的想象有多么的天马行空，听起来多么的不可信，我们也要认真倾听，进到他的世界，跟他对话。

孩子的世界充满创意："我想要做一个任意门，一打开就可以到达世界的任何地方。"我们要说："好啊，到时要记得带我一起去。"

孩子可能对自己充满信心："我这次比赛一定要得第一名。"我们要说："我相信你一定可以做到。"

孩子的话，可能不符合逻辑，带着稚气："我觉得哥哥因为太想回家找我玩，所以才会一打铃就马上离开教室，结果忘记把水壶带回来了。"我们要说："你这么说似乎挺有道理的。"

孩子想象时，顺着他的话去说

顺着孩子的话去说，除了可以建立让孩子愿意跟我们沟通的基础之外，还能开启他们无限的想象力、给予他们强大的信任感，并肯定他们的勇于表达。

跟着泽爸一起练习亲子沟通

孩子对我们说：" 我要直接飞到美国去。" 我们可以说：

句型："好啊，一会儿到了美国，你想去哪里呢？"
重点：顺着孩子的话去说，建立沟通的基础以及开启无限的想象力。

第五章 "不说话"的五种沟通方式
——耐心倾听，陪孩子度过情绪期

孩子分享时，不要预设立场或吐槽

在孩子跟我们分享心事的过程中，不管我们有什么疑惑，或是觉得好笑时，都要忍住别插话。此时，我们只要做到"倾听"与"回应"即可，因为让孩子有了心事就会对我们倾吐，这才是最重要的事。

亲子情境：大人不了解情况就先猜测

"爸爸，我今天发生了一件不太好的事情。"放学回家的路上，泽泽跟我分享学校的事情。

"什么事啊？"我问。

"我被老师处罚了。"泽泽说。

"你一定又在上课时说话了，对不对？"泽泽被老师处罚，多半是因为上课说话，所以我先入为主做出猜测。

"不是的！我没有说话。"泽泽否认。

"真的？"我半开玩笑地说。

"真的！不是因为上课说话被处罚。"

"不是因为说话,那是什么事情呢?"我问。

"我不想说了。"这下子泽泽反倒不想分享了。

"干吗不想说呀?爸爸想听啊。"我知道我猜错了。

"既然爸爸觉得是因为我上课说话,那就这么认为吧。"泽泽赌气地回答。

虽然泽泽最后还是跟我说了发生的事,但这个经验给我上了亲子沟通的一课。

损害亲子沟通的预设立场

"我今天想要去图书馆看书。"

"去图书馆?怎么可能!你一定是跟同学约好出去玩吧!"

"我刚才跟妹妹吵架了。"

"又是你故意先惹妹妹,对不对?"

"我已经写完作业了。"

"写这么快?肯定没有认真写!"

听到孩子分享的事,我们很容易根据先前的经验与主观猜测,不自觉地脱口而出一些预设立场的话,而这些话往往损害着亲子之间的沟通。

即使揭穿了、说中了，我们能得到什么吗？难道孩子会说："哇——爸妈说得真准，太厉害了？"孩子并不会这样说，他们只会因为心虚而沉默不语，甚至否认到底。但假如我们说错了，孩子感受到的是父母对自己的不信任，以及极度的失望感。所以，不管我们说得对不对，都可能让孩子以后在我们面前闭口不言。

我想听你说话

后来又有一次，泽泽跟我讲述和同学之间发生的事情。

"今天我跟同学吵架了。"泽泽一看到我来接他，就对我说。

"是吗，跟谁？"

"跟某某某。"泽泽说了一个名字，是个女生。

"你跟女生吵架？为什么？"我问他。

"因为她跟老师打我的小报告。"泽泽有些不高兴。

"她跟老师告你的状吗？"虽然我想到的是"该不会是你故意去惹女生吧？！"但是我忍住没说，反倒附和着他追问道。

"是的，她跟老师说，我害得另外一个女生被撞倒了。"泽泽说。

"你看起来有点委屈。实际情况是怎样的呢？"

"我们在一起玩，她们开玩笑叫我病毒，然后我在后面追着她们跑，说要传染病毒给她们。结果有一个女生不小心被撞倒了，某某某就跑去跟老师说，是因为我追她们，才让那个女生受伤的。"

"原来是这样，难怪你会不高兴。老师说什么了？"我安慰泽泽。

"还好啦,老师把我叫过去,简单叮咛了几句而已。"

"爸爸知道了,没事就好。谢谢你告诉我这件事。"我牵起泽泽的手,继续聊别的话题。

"好,我知道了。""是啊,怎么会这样。""我明白了。"顺着孩子的话给予回应,或是重复他所说的话,都传递出"我听到你刚才说的话"以及"还想听你继续说"的意思。甚至可以用孩子的情绪,搭配上相同的语气来应答。比如,孩子有些生气地说某件事时,我们可以用略带气愤的语气说:"是啊,怎么会这样!"当孩子有些难过地叙述某件事时,我们同样难过地说:"爸爸听了很伤心。"

通常能够跟孩子无所不谈的父母,都知道该怎么做出适当的回应;至于爱打断、插话、讲大道理、先入为主地质疑孩子的父母,都会迫使孩子不知道该怎么说,最后索性什么也不说。

唯有让孩子感觉到"我想听你说话"以及"我是懂你的",才能促使孩子对我们推心置腹。

跟着泽爸一起练习亲子沟通

不管孩子与我们分享何种事情,我们都要说:

句型:"好,我知道了。"
"是啊,怎么会这样?"
"我明白了。"

重点:与孩子同仇敌忾,且不预设立场。

第六章

表达关心的六种爱的话语
——回归教养初衷,对孩子爱从口出

襁褓中的婴儿，从牙牙学语到能爬会走，每一次进步，在爸妈眼里都仿佛航天员登上月球般惊人。他们满心欢喜地大声称赞："你好棒啊！""怎么这么会说话啊！"不厌其烦地拿出照片、视频给亲戚朋友看，溢美之词说了又说："他早几个月就会爬了。""他真的特别聪明。"

然而，随着孩子能力的增大，他们的责任也随之增加。比如，帮忙照顾弟妹、玩具玩完之后要收好、东西要归位，等等。父母甚至还有更多的要求，诸如不许发脾气、要乖要听话、回家要先写作业、要帮忙做饭做家务……

这些责任，父母会随着孩子的成长，渐渐视为理所当然。他们认为孩子到了一定的年龄就该如此。所以孩子做到了，父母并不会对此夸赞。万一孩子不想做或者有情绪，他们就会责备、唠叨甚至是惩罚他们。

于是，脱离婴幼儿阶段后，父母对孩子的称赞逐渐减少，取而代之的是责备与批评。其至当着外人的面，大声斥责孩子，以表示对孩子的管教。

还记得怀胎十月时，自己对孩子的期望是什么吗？不是赚大钱、考一百分，更不是会做家务，而是平安、健康、快乐这三个基本初衷。

孩子会做且愿意做，当然很好，他们正在学习对自我负责，家长更应该给予鼓励，别把它看成是理所当然的。当孩子不想做或是做错了，没关系，我们再教一次，耐心提醒他们，替他们承担后果，并给予信任。成长的路很长，孩子能学会就好。

教育是一时的，亲子关系才是一辈子的。教育小孩时，请不时地回想我们的初衷，不管孩子多大，请提供他们需要的安全感，耐心处理手足之间的问题、理解他们的情绪，不时地给予关心。另外，只要孩子做得对、做得好，就请说出满满的"爱的话语"。

让孩子感受到，我们在教你，但是也很爱你。

遇到孩子间的冲突："你们商讨该怎么做。"

面对孩子之间的冲突，父母最好的处理方式是不介入，除非有伤人的言语、动作，再出面制止。毕竟孩子之间会找出自己处理冲突的方法，大人的介入有时会适得其反。

亲子情境：孩子之间产生争执

花宝在电视柜里看到一个麋鹿样式的小木雕，拿起来在手上把玩。泽泽见了，立刻一个箭步冲上来，从花宝的手中抢过去。

"你干吗抢走？"花宝立刻生气地大喊。

"因为这个是我的。"泽泽用毫不在乎的语气说。

"不是，这个明明是我的。"花宝反驳道。

"是我放在这里的，你的自己去找。"泽泽转身想要离开，不理会妹妹。

"还给我！"眼看说不过哥哥，花宝想动手抢回来。

第六章 表达关心的六种爱的话语
——回归教养初衷,对孩子爱从口出

"你干什么?"泽泽紧紧握住手中的小木雕,声音也大了起来。

于是两人展开了全武行木雕抢夺战。

"你们在干什么?!"早已听到兄妹俩的争吵,在一旁默默观察的我终于开口了。

"还给我!""是我的!"泽泽与花宝在争执中,丝毫没有听见我的声音。于是我走到他们旁边,让他们停下来,不许再抢了。

花宝开始大声哭叫:"哇——哥哥抢我的东西。"泽泽在旁边气呼呼地怒目以对,迅速伸手打了妹妹一下。花宝不甘示弱,边哭边伸手往哥哥身上抓去。

"好了,停下来,"我赶紧抓住他们的手,"现在谁也不许动手,等你们生完气再说。"我严厉地看着他们。

孩子与我们认为的不一样

当孩子之间起了冲突,我们说了以下这些话,反而会让他们更容易发生争吵,更讨厌对方。

不问事情的经过,两个都先罚了再说:"你们每天吵吵吵,烦死人了,统统去罚站。"

这种方式表面看似公平,实际上却会让孩子内心产生"都是他害我遇到孩子间的冲突："你们商讨该怎么做。"

被惩罚"的责怪对方的念头。

"你是哥哥，要谦让妹妹。"

很多家长的观念里，哥哥姐姐就是要让着弟弟妹妹，如此一来，只会让哥哥姐姐心生不满，愤愤不平，继而讨厌弟弟妹妹："为什么都叫我让着他／她？如果没有他／她就好了。"并且很可能导致弟弟妹妹的行为越来越得寸进尺，"反正爸爸妈妈会帮我，他／她必须让着我"，继而更加不尊重哥哥姐姐。

"都是你的错，把妹妹弄哭了，还不承认。"

一听到哭声，就认为哭的人被欺负了，然后大声斥责另一方。这会让被骂的孩子内心感到非常不公平："明明是她先抢我的东西，为什么她一哭，就变成我的错了！"这也会让爱哭的孩子更爱哭，一有争执就用哭来告状，爸妈自然就来帮他了。

面对孩子之间冲突的三个方针

我们要把握的是：一个观念、一个方向以及一个原则。

观念：没有孩子是不吵架的，或许越吵感情越好，但我们的角色与立场一定要拿捏好，否则孩子不会讨厌爸妈，反而会责怪未来要相互扶持的手足。

方向：孩子吵架时，不要当裁决者，不要每次都介入其中，详细询

第六章 表达关心的六种爱的话语
——回归教养初衷，对孩子爱从口出

问细节，然后判断谁对谁错、谁要跟谁道歉。事实上，孩子之间的冲突是他们自己的事，对与错不是重点，不管爸妈怎么判决，一定会有一方不服。所以我们要当引导者，协助他们能开心地继续玩下去。毕竟，当裁判一定会有一方不服，当引导者才会让孩子之间的情感更加深厚。

原则：冲突是孩子的事，他们在找寻沟通的方法，我们尽量不要介入。但是，如果某个孩子情绪激动，动手打人、用言语伤人，我们就要介入了，及时制止双方的行为，让他们的动作与语言都停下来。

注意，我们的介入针对的是双方愤怒的情绪、吵闹时的伤害，还有打人的行为，而非事件的对错。

等双方情绪都稳定了之后，更重要的是教导他们以后在很生气的情况下，要如何向对方表达，而不是采取打人骂人的方式。

孩子自然会找到出路

"怎么了？你们为什么这么生气？"待他们的情绪缓和之后，我用尊重他们情绪与感受的方式来询问冲突的原因。

"哥哥打我。"花宝率先告状。

"你也抓我了。"泽泽不甘示弱。

"原来如此。爸爸看到你们两个都很生气地互相打了对方，但是我更想知道，你们动手之前是为了什么在吵架？"

"她拿我的东西，却没有问我。"泽泽举起手上的小木雕给我看。

"那个明明就是我的。"花宝又快哭了。

"好，我知道了。"我赶紧拍拍花宝的背，安抚她的情绪。

遇到孩子间的冲突:"你们商讨该怎么做。"

"你们都说是自己的?那怎么办呢?"我用提问的方式把问题重新拉回他们身上,引发他们思考与讨论,而不是揽到我的身上。

"我不管,这个就是我的,妹妹去找她自己的。"泽泽说。

"这个真的是我的,我昨天放在这里的。"花宝说。

"你们说的爸爸都了解了。不过你们这样坚持下去并没有结果。不如这个玩具先给我保管,等找到另一个的时候再还给你们,或者你们现在可以商量出一起玩的方式?"我提供了两个选项,引导他们解决这个问题。

"妹妹,你先拿去,但是过一会儿要还我。"泽泽想了一下,先表达了善意。

"这是我的,我不要还你。"花宝似乎还不想让步。

"妹妹,哥哥很棒,想方法跟你一起玩,所以你也要跟他商量。"我先鼓励了哥哥的行为。"不然,一会儿爸爸陪你们一起找另外一个怎么样?"然后再次提出一个方法,让花宝觉得安心。

"好吧,我玩完就还给哥哥。爸爸要帮我找到啊。"花宝也接受了我的提议。

"没有问题。"我答应她。

至于那个小木雕到底是谁的?后续发展如何?其实并不重要。唯有裁决者才会针对谁是拥有者、谁把另一个弄不见等问题穷追不舍。

用"情绪与感受来了解原因""倾听过程""采用提问的方式来引发思考",然后"给出选项",最后让兄妹俩有商有量,以及一起继续开心地玩下去才是重点。

搭起手足间的情感桥梁

孩子之间的问题不仅在冲突发生时就要处理,在日常生活中,也要不经意地搭起手足间的情感桥梁,因为称谓并不会自动给情感加温,只有正向交流才会使他们的感情越来越好,而这个交流是需要我们推上一把的。

1. 多讲双方的情绪与感受

"你刚刚捉弄妹妹,妹妹很难过。"

"哥哥之前也曾很开心地分享给你。"

促使双方多用理解的方式为彼此设想。

2. 提供双方合作、互相帮忙的机会

例如,平日让他们一同整理家务、鼓励兄妹俩一起去买东西、妹妹害怕进房间时请哥哥陪她一下。

在互相合作与帮助的情况下完成任务,爸妈再给予适当的称赞,对于手足之间的情感有一定的加分效果,就如同社团伙伴共同努力完成表演一样。

3. 锦上添花的描述

我们带妹妹一人出游时,有时让妹妹帮哥哥挑一个小礼物,回家后跟哥哥说:"这是妹妹自己说要买给哥哥的礼物,你看妹妹多爱你。"

哥哥顺手帮妹妹洗了碗,我们就会不经意地跟妹妹说:"哥哥知道遇到孩子间的冲突："你们商讨该怎么做。"

你有点累，所以帮你洗碗，你看哥哥多爱你。要记得跟哥哥说谢谢。"

把确实发生的事情，加上锦上添花的描述，让双方感受到对方的好意，下一次换哥哥主动说："爸爸，我想买个礼物给妹妹，好不好？"妹妹主动做："哥哥，你的碗我已经洗好了。"

4. 任何良好的互动都要大大地称赞

"你刚刚看到妹妹快摔倒了，赶紧过去保护她，真是好哥哥啊。"

不要认为孩子所有正确的行为皆是理所当然的，比如，哥哥照顾妹妹、弟弟礼让姐姐等，而是看到一丁点的良好互动，都要大声地称赞，告诉孩子：你做得棒极了。

第六章 表达关心的六种爱的话语
——回归教养初衷，对孩子爱从口出

跟着泽爸一起练习亲子沟通

面对孩子之间的冲突，我们要用四个方法来跟孩子说：

句型："怎么了？为什么这么难过。"
"你看起来很生气啊！"
重点：用情绪与感受的方式来询问冲突的原因。

句型："好，我知道了。"
"原来如此，难怪你会这么生气。"
重点：倾听，不当裁判。

句型："除了哭之外，还有什么办法吗？"
"假如借给妹妹玩具会怎么样呢？"
重点：多用提问的方式来询问，而非责备。

句型："你是继续哭？还是直接去跟哥哥说呢？"
"你担心妹妹弄坏它，不然我在旁边看着她玩，行吗？"
重点：给予思考的选择题，而不是要求他们听话的指令。

当孩子害怕时:"我陪你去。"

当孩子对父母有所要求,尤其是跟内心需要有关系时,请放下手边的事情陪孩子去完成,就算真的有事脱不开身,也要跟孩子约定好时间,不要让孩子以后回想童年时,对爸妈的记忆总是忙于工作,没有陪伴自己。

亲子情境:孩子不敢去洗手间

一天凌晨六点左右,大雨忽至,打在窗户上噼啪作响。花宝被惊醒了。

花宝推了我许久,直到我睁开双眼时才轻声说:"爸爸,我想上厕所,你可以陪我吗?"

我睡眼惺忪地回答她:"你自己去吧。"我家的厕所就在房间外面一步的距离。

花宝:"我害怕。"

我说:"不然,你把两边的门都打开呢?"

第六章 表达关心的六种爱的话语
——回归教养初衷,对孩子爱从口出

花宝:"我不想自己去,雨声好恐怖,我要爸爸在厕所陪我。"

疲惫的我极力不让自己睡过去,内心交战了一会儿,终于打起精神说:"好,爸爸陪你去。走吧!"花宝绽开笑容,跳下了床。我看到她的笑容时,觉得自己做对了。

理解孩子莫名的害怕

"爸爸,你可以陪我去吗?"这句话在生活中时常出现。

当我们在客厅,而花宝想去厨房倒水时,她会说:"爸爸,你可以陪我去吗?"花宝在房间里玩,我去阳台晾衣服,她说:"爸爸,不要走,你可以在这里陪我吗?"甚至我在上厕所时,花宝会蹲在门口说:"爸爸,我想要陪你,一点都不臭。"

"爸爸,陪我去洗手。""爸爸,陪我去倒垃圾。""爸爸,陪我去房间拿书。"即使她准备前往的地方就在旁边,只有几步路的距离,或是她要去的地方,我的目光能看得到,当她觉得这个空间只有她一个人时,心中就会莫名地害怕、担心、恐惧,希望大人能陪她。很多时候,孩子对于环境的改变容易产生不安,不仅花宝会这样,泽泽也会如此。

而我的回应通常都是:"好,爸爸陪你去,因为我最爱你了。"或是我手边正在处理事情,没有办法立即陪她的时候会说:"可以啊,不过爸爸正在忙,你可以等我十分钟吗?"即使再累、再烦、再忙也要照顾到孩子的情绪。

"有爸爸真好"的甜蜜

我不是超人爸爸,也不是万能爸爸,更不是有求必应的爸爸。我只是单纯地希望兄妹俩长大之后,回想起小时候的往事、谈论起幼年发生的趣事时,可以有种"有爸爸真好"的甜蜜。特别是他们内心有害怕、担心与恐惧的情绪时,孩子最需要的、最能给予他们安全感的人,正是我们!

我不希望孩子长大后回忆童年时,只记得爸爸很忙;因害怕而想要我们陪伴的时候,得到的回答是:"我很累,你自己去!""你都这么大了,有什么好怕的""爸爸在忙,找哥哥陪你去"。这些回答表面上是要求他们独立,实际上却是把他们轻易推开。

因为,我知道总有一天我会怀念帮女儿擦拭嘴边食物的时光,怀念儿子让我背他,怀念跟儿子一边洗澡一边聊天,更会怀念他们要求我陪伴他们的时光。

等孩子渐渐长大,我们或许会得到越来越多"哎哟,你不要跟着!""我自己去就可以了""我知道,你们赶快回去吧"的回应,那么何不珍惜孩子尚需要我们的每分每秒呢?

第六章 表达关心的六种爱的话语
——回归教养初衷，对孩子爱从口出

跟着泽爸一起练习亲子沟通

当孩子因为内心害怕而要求："可以陪我去吗？"我们要说：

句型："好啊，我陪你去，因为我最爱你了。"
重点：让孩子觉得有爸爸妈妈真好。

句型："可以啊，不过我正在忙，你可以等十分钟吗？"
重点：让孩子知道爸妈一定会陪他们，因而有安全感。

当孩子说讨厌爸妈时，我们要说："你这么说，爸妈听了会难过。"

每个人都有负面情绪，特别是自我意识正在萌芽的孩子，一有不如意的事情时，往往会哭闹、生气、对我们说出不好听的话。有情绪是正常的，但是要让孩子知道不能影响他人：不能因为哭闹，而打扰餐厅里其他人用餐；不能因为生气而乱扔或破坏玩具；也不能因为发泄情绪，让爸妈难过伤心。

亲子情境：孩子因为看电视而跟妈妈争吵

"妈妈，我还想再看一集这个节目。"孩子大声喊着。

"不行，你已经看很长时间了。"妈妈回应。

"但是我还想看嘛。"

"不行就是不行，请你关掉电视。"

"我不关，我就要看。"孩子强硬地拒绝妈妈的要求。

"把遥控器给我，你不关我关。"妈妈二话不说直接关掉

第六章 表达关心的六种爱的话语
—— 回归教养初衷，对孩子爱从口出

了电视。

"哼！妈妈坏。我最讨厌妈妈了。"孩子噘着嘴生闷气。

"好啊，你讨厌我，我也不喜欢你。"妈妈反驳回去。

不要跟孩子说气话

类似的对话，我在亲戚与朋友家都听到过。当孩子提出要求，比如，想多看电视、想吃饼干、想玩手机等，被爸妈拒绝后，孩子一不高兴就脱口而出："妈妈坏""我最讨厌爸爸了"这些针对人而非针对事的伤人话语。

这些故意让人伤心难过的话，早在孩子两岁多就会出现。心里受了伤的父母会用同样的方式给予回击："我也最讨厌你了。""妈妈坏？那你今天别找我帮你。"或是认为孩子还小，不知道自己在说什么，根本不当回事："好，妈妈最坏。""是，知道你讨厌我。"

其实，不管孩子的年龄多小，只要说出带有攻击性与伤害性的话时，千万不能不理会，请一定好好管教孩子，让他们知道对待长辈基本的态度与礼貌。

教导孩子对事不对人

"你可以因为妈妈不让你看电视而生气，但不能说讨厌我。因为你说讨厌妈妈，我听了会难过的。"当听到孩子说"我最讨厌妈妈"时，当孩子说讨厌爸妈时，我们要说："你这么说，爸妈听了会难过。"

要这样回答他。

"你可以因为我不让你看电视而生气"的意思是告诉孩子，他可以因为没能达到目的而有负面情绪；"但是不能说讨厌我"是跟孩子说，即使有负面情绪，不能做的事就是不能做；"你说讨厌妈妈，我听了会难过"则是用情绪与感受的方式，让孩子听懂为什么不能这么说。

"情绪没有对错，只是有没有影响到他人。"

此时，要让孩子知道"你可以有情绪，但是请对事不对人"。爸妈的确拒绝了你，但是请针对事件本身来商量，而不要把气出在爸妈身上。

用爱来产生联结

假如孩子依然继续说："妈妈本来就坏。""不管，我要让妈妈难过。"或是年纪尚幼听不太懂，我们可以用爱的行为来产生与他的联结。

有一次，花宝因为生气，对陪她的我说："我不爱爸爸，爸爸走开。"

"你说不爱爸爸，我问你，平常是谁送你上学的？"

"爸爸。"花宝有点不太好意思地看我。

"晚上睡觉前，是谁读故事书给你听的呢？"

"是爸爸。"花宝又指了指我。

"当你说无聊想玩游戏时，又是谁陪你一起玩呢？"

"还是爸爸。"

"你觉得爸爸为什么会为你做这些事情？"我问。

第六章 表达关心的六种爱的话语
——回归教养初衷，对孩子爱从口出

"因为爸爸爱我。"

"对啊，因为我非常非常爱你，所以愿意陪你做许多事情。既然爸爸这么爱你，请不要说这些让爸爸听了伤心的话，好吗？"

"好，我知道了。爸爸，对不起。"花宝听懂了我想表达的意思。

"没有关系，花宝爱爸爸吗？"

"我最爱爸爸了。"花宝双手环抱过来。

"我也最爱你了，小宝贝。"我紧紧地把她抱在怀里。

"你怎么还这样说呢？！太不听话了！""你再说一次，就去罚站。"批评与惩罚只会让孩子因为害怕而不敢说，而不是真心懂得为什么不能说。唯有讲出自己的情绪与感受，并且用爱的行为来产生联结，才能真正让孩子听进心里、记在脑海里，然后说出贴心的话语。

跟着泽爸一起练习亲子沟通

当我们拒绝孩子后，孩子说："我最讨厌妈妈了。"我们要说：

句型："你可以因为妈妈不让你看电视而生气，但不能说讨厌我，因为你说讨厌妈妈，我听了会难过的。"

重点：可以有情绪，但是请对事不对人。

句型："爸爸很爱你，请不要说这些让我听了会伤心的话。"

重点：用爱来产生联结。

别把另一半当坏人:"你试试看,妈妈会很开心。"

没有父母想成为孩子心目中的坏人,有可能的话,大家都想唱白脸,但现实情况是,孩子不会一直是天使,有情绪的孩子会变身成恶魔,对着我们大哭大闹,踩着规矩的底线不断地进行试探。当父母双方发生冲突发生时,最好的处理方式是在一定的范围里给予他自由,并在孩子违反规矩时有所坚持。

亲子情境:用妈妈会生气来要求孩子吃饭

"你再这样,一会儿妈妈看到会生气的!"

某次在餐厅吃饭时,听到隔壁桌的爸爸对孩子说了这句话。我抬头一看,似乎是孩子不愿意吃饭。在爸爸百般劝说下,小口吃了一点后,就用力地摇头拒绝,大喊"不吃了",不管爸爸怎么说,就是不吃。

后来,那位爸爸接了一个电话,立刻眼睛一瞪,对孩子

第六章 表达关心的六种爱的话语
——回归教养初衷，对孩子爱从口出

说："妈妈快要到了，我是好心提醒你，如果不想让妈妈生气，现在就赶快吃完。"只见孩子皱着眉头，闷着头，大口大口地往嘴里塞着饭，在妈妈的脚步声靠近之前，狼吞虎咽地结束战斗。

孩子会听是因为大人坚持

"你再不做，我就告诉爸爸。""要是让妈妈知道，你就完蛋了。"在孩子面前，把另一半当成坏人用以恐吓孩子，让他们去做符合自己要求的事情，这样的人其实背后隐藏着"我对孩子没辙""没有耐心去处理"或"根本不愿意想办法"的真实想法。

他们甚至会拉出其他人："你再不听话，我就叫警察伯伯来抓你啦！""又挑食，要我写联络簿告诉老师吗？！"以狐假虎威的要挟口吻来逼迫孩子就范，然而拿来当作老虎的对象，却是孩子最爱的人——爸爸或妈妈，或是可能会帮助他们的人——警察、老师等。

这种把另一半或权威人物当成坏人的狠话，会让孩子对他们产生莫名的恐惧感与距离感。难道我们希望孩子害怕爸爸妈妈吗？难道我们希望孩子真正遇到危险时，因为恐惧而不敢去找能给他们提供帮助的警察吗？

孩子比较听爸妈之中某一方的话，绝对是因为他们面对孩子哭、闹、耍赖的状况，有相当程度的坚持，以及更有办法去应对。他们不会因为孩子哭而手足无措，不会因为孩子闹而妥协、更不会因为孩子耍赖别把另一半当坏人："你试试看，妈妈会很开心。"

而举手投降。

知道再怎么哭闹都没有用，就是孩子会听话的原因。

既然在教养的路上，坚持是对的，找方法是正确的，为何还要背上坏人的名号呢？！

给予孩子期待

教育孩子时，父母本身要有耐心，不把打骂当作手段，愿意倾听孩子的想法，在坚持正确方式的同时争取双赢。我们不需要把另一半当作驱使孩子前进的手段，也用不着当成坏人，只要满足孩子的期待就好。

告诉孩子，当他做到后，另一半的心情会是如何："假如你把青菜吃了，我一会儿告诉妈妈，相信妈妈一定很开心。"相信孩子在想象到妈妈因为他吃下青菜而开心的样子后，期待妈妈的称赞而勇敢吃下去。

告诉孩子，当他做到后，另一半可以与他一起做些快乐的事情："你在爸爸下班前做完功课，这样爸爸一回来就可以陪你玩。"相信孩子已经能够想象到与爸爸玩乐的愉快场景，因此而加紧写作业。

给予动力与动机，使孩子的内心充满愿景，远比拿另一半当坏人来恐吓孩子更有用，而且亲子之间的关系还会更上一层楼。

| 第六章 | **表达关心的六种爱的话语**
——回归教养初衷,对孩子爱从口出 |
| --- | --- |

跟着泽爸一起练习亲子沟通

当我们找不到更好的方法,需要拿另一半做理由时,我们要说:

句型:"如果你愿意试试看,相信妈妈一定会很开心的。"

重点:让另一半的称赞成为孩子的动力。

句型:"你只要在爸爸回来前做完功课,爸爸一回来就可以陪你玩。"

重点:让孩子想象接下来的愉快场景。

当孩子做错了爸妈提醒过的事:"你没事吧?"

如果要票选孩子最不喜欢听见爸妈说的一句话,那么,"看吧,我是不是早就说过了"一定会榜上有名。通常爸妈说这句话的意思只是想告诉孩子某些问题老早就提醒过,但孩子不听,结果真的被料中了,所以下一次要记得改过来。但这句话听在刚刚遭遇了挫折的孩子耳朵里,只会让他们觉得父母在取笑自己,却体会不到他们的担心。因此遇到这种情况,大人不如直接跟孩子讨论下一次怎么做会更好,反而更能贴近孩子的心。

亲子情境:孩子考试没考好

"你复习了吗?"我拿着联络簿问泽泽,有一项功课是复习第二天的语文小考。

"没有。"泽泽摇摇头。

"是吗,那还不复习?我和妈妈可以帮忙考你啊。"

"不用啦!我都会。"泽泽一副胸有成竹的样子。

第六章 表达关心的六种爱的话语
——回归教养初衷，对孩子爱从口出

"这么有信心？"我问。

"对啊，没有问题。"

"好，相信你。你自己知道就好。"

"怎么样？语文考得如何？"第二天放学，我问泽泽。

"不好。"泽泽有些沮丧。

"考卷呢？我来看看。"我伸出手。

"在这儿呢。"泽泽从书包拿了考卷递给我。

"你看吧，我是不是早就说过，该复习的就是要复习嘛。这些字你都写错了，就表示你不会。既然不会，昨天还很肯定地说没有问题，你都会。"我语气平和地对泽泽说，并没有责备他的意思。但是泽泽一句不吭。

"你干吗不说话？"我拍拍他。

"我不喜欢爸爸这样说我。"泽泽低着头，噘着小嘴说。

"我说了什么？"我一头雾水，不知道说了什么让他伤心的话。

"你刚刚说的那些话，有种不相信我的感觉。"

"爸爸想说的是，我昨天曾提醒过你这件事。"

"我知道，但是我也不想考不好，我真的觉得我都会。爸爸说'我是不是早就说过了'，表示你从昨天开始就认定我一定会考不好。但是你昨天还说相信我，其实是根本不相信。"

原来我一句不经意的话，让泽泽有了不被信任的感觉。

当孩子做错了爸妈提醒过的事:"你没事吧?"

本是关心却变成落井下石的话语

提醒着"小心,要拿好碗",结果孩子还是不小心摔了碗;提醒着"你不要爬上去,会摔下来",孩子坚持要爬,结果真的摔了;提醒着"要记得整理书包,不要忘记带东西",孩子不想整理,结果上学真的忘记带东西。

爸妈事先想到后果,对孩子做出提醒,当提醒的事发生后,我们很容易脱口而出:"看吧,我是不是早就说过了。"虽然我们想表达的是:"爸妈的提醒是很重要的,下次一定要听话、要执行。"可听在孩子的耳朵里,却只有嘲讽、落井下石、事后诸葛之嫌,这些都会让他们的内心产生不被信任,以及被取笑的想法。

事情发生时,孩子一定很不好受,碗碎了会害怕、摔倒了会难过、东西忘记带了会紧张。这很像我们创业失败时被长辈训斥:"看吧,我是不是早就说过,你这样投资一定有问题!"工作报告写错了,被主管批评:"看吧,我早就提醒过你的。我说的话要认真记住。"此时的我们同样很受伤。

既然事情已经发生了,与其埋怨孩子,不如先关心孩子的心情,再看看能不能挽救,最后一起商量以后怎么做会更好。

讨论下一次怎么做会更好

"谢谢儿子告诉爸爸你心里的想法。"我诚恳地对泽泽说,并且关

第六章 | 表达关心的六种爱的话语
—— 回归教养初衷，对孩子爱从口出

心他的心情，"语文考试没有得到预期的成绩，你还好吗？心情有没有受影响呢？"

"嗯……还好啦！"泽泽耸了耸肩。

"没事就好。你觉得为什么会这样呢？"我问。

"我写作业的时候写过几遍，就认为我会了。只是没想到考试的时候，根本想不起来。"泽泽说。

"你觉得下一次怎么做可以避免呢？"我希望泽泽可以直接从中得到经验。

"应该至少在考试前一天，再翻翻书，确认一下吧。"

"这种方法听起来不错，如果你需要我和妈妈帮忙，请务必跟我们说。"

"好啊，如果需要有人帮我的话，我会跟你们说的。"

"没有问题。我和妈妈很愿意帮你。"

孩子摔了碗，我们先关心他害怕的心情，或者跟他解释不能边吃边玩的道理；孩子跌倒了，我们先关心他难过的心情，然后讨论如何保证安全；上学忘带东西，我们先关心他紧张的心情，再讨论如何整理书包，不再丢三落四。

做错了永远不可怕，做错了才有练习如何进步的机会，即便这个错是我们提醒过的。所以，不要用落井下石的方式来迫使孩子以后都听大人的话。爸妈要做的是先关心孩子的情绪，然后带领孩子从错误中学习如何进步。唯有让孩子亲身经历才会有最深刻的领悟。

与此同时，孩子也会感受到父母的尊重，他们给自己的绝对是满满当孩子做错了爸妈提醒过的事:"你没事吧?"

的关心与爱。

跟着泽爸一起练习亲子沟通

孩子做了爸妈提醒过的错事,我们要说:

句型:"你没事吧?"
重点:关心孩子的心情。

句型:"你觉得以后该怎么做才能避免呢?"
重点:有效的可行性方案。

第六章 表达关心的六种爱的话语
——回归教养初衷，对孩子爱从口出

孩子放学大喊累时："孩子，上学辛苦了！"

倾听孩子的抱怨，陪着他一起诉苦、理解他的心情。只要孩子能承担自己的责任，抱怨完依然准时上学、诉完苦依然完成作业、顶着压力面对考试，那就停止我们的高见、批评与说服吧！

亲子情境：孩子放学回家，什么都不想做

泽泽放学一回到家，立刻把书包、饭盒袋、外套、袜子统统扔在地上，整个人瘫在沙发上，高声喊："好累呀。"

有时我与妻子看到了会说："一会儿要记得收好。"虽然泽泽回答"好"却依旧躺在沙发上不动，往往一躺就是半个小时。看他躺了这么久，甚至起身去翻阅自己喜欢的课外读物，我们会做出提醒："休息一下就该写作业了。"

终于，泽泽打开他的书包，拿出今天该写的功课时，又再度呐喊："好累啊，真不想写作业。""好烦啊！我不想捡地上的东西。"

孩子放学大喊累时："孩子，上学辛苦了！"

上课学习并不轻松

泽泽说的这些话曾被一位来家里做客的长辈听到，他立刻对泽泽说："念个书而已，有什么好累的。"其实，我与妻子对于长辈的这句话并不认同，我们从来不觉得上学是一件轻松的事情。

大人们总认为当学生不应该喊累，是因为他们对比过上班的艰难与赚钱的辛苦，于是才会对孩子说："念个书而已，有什么好累的。""你每天不过是上课、吃饭、玩，这么轻松还喊烦。""一个学生，哪儿来的压力！"但是，孩子不明白大人为何要这么说。

我们都是从孩童阶段成长过来的，做了父母之后，却忘了自己是怎么长大的。如果现在让我们在教室里从早上八点一直待到下午四点，两天一小考、三天一大考，相信没有几个大人愿意吧。

既然如此，我们用不着自以为是地、想当然地批评孩子，只要他们完成了分内之事，我们理解他们的辛苦和烦恼就可以了。

理解孩子的累与烦

孩子放学后高喊："好累啊。"

我们可以说："儿子，上学辛苦了！需要爸爸抱抱吗？"

孩子写作业时，不耐烦地说："好烦啊，不想写了！"

我们可以说："觉得烦的话，就休息一下再写吧。"

孩子准备考试时，郁闷地说："我不喜欢考试，压力好大。"

我们可以说："是啊，爸爸也不喜欢考试。考完试后，带你出去走走好了。"

温暖的、充满理解的对话，让孩子感觉到我们陪着他、懂他、理解他，同他一起面对苦闷、不情愿与压力，这就足够了。

一起享受生命中的"慢慢来"

这是个信息爆炸、速度飞快、什么都要看效率的年代，大人们忙于工作，孩子们学校、补习班连轴转，家人相处的时间越来越少，于是大家希望任何事情都越快越好，最好能立刻看到成效。

孩子放学一回到家，就必须先把功课都做完，不能喊累。

花钱在补习与才艺上，就想快速看到成果，不能懒惰。

吃饭催促快点吃、洗澡大骂洗得太久，生活都照计划表走，不能延迟。

当生活强拉着孩子赛跑时，我们是否忘记牵住孩子的手，一起享受生命中的美好呢？

上学放学的途中，我们可以与孩子聊聊天，分享今天的开心与不开心；假期时，可以进行亲子活动，创造共同的回忆。当孩子大声喊累的时候，及时关心他们的情绪，听听他们的倾诉，替他们排解烦恼。偶尔孩子放学大喊累时："孩子，上学辛苦了！"

让我们变成乌龟，让孩子变成蜗牛，共同享受生命中的"慢慢来"。

教养，不是站在前方强拉着孩子走，也不是守在后方盯紧孩子的一举一动踢着他们走，而是站在孩子的旁边，牵着他们的手，一起看看天空的变化，听听流水的声音，相互陪伴着成长，一同感受这个世界的律动。

生命的价值不在于何时走到了终点，而是在回过头看时，一同留下了多少足迹。世界越快对孩子却要越慢。

跟着泽爸一起练习亲子沟通

孩子放学有气无力，大喊："好累喔！"我们要说：

句型："儿子，上学辛苦了！需要爸爸抱抱吗？"

父母与孩子的双向沟通SOP（标准作业程序）

听到孩子的话，按捺不住情绪，上前一通责备；看到孩子的行为，理智压不住情感，反复批评，唠叨个没完。过后就开始后悔，刚刚怎么又骂他了，我应该听听他的说法。在亲子沟通的路上，父母常常不知所措，仿佛陷入说也错、不说也错的窘境。此时，我们心里需要一份亲子沟通的标准作业程序。

亲子沟通标准作业程序是依照双向沟通的标准："孩子心里有事，愿意跟父母说"与"父母说的话，孩子能够听得进去"这两个方向而定的，具体可以分为以下六种类型：

① 倾听：孩子找我们分享任何事情，或孩子回答我们的问题。

② 教导：当孩子的行为触犯教育规范时，家长要及时教导，以期许孩子进步。

③ 商讨：父母的意见与孩子的想法不一致时。

④ 聊天：倾听为当中的一环，双方皆是毫无目的地谈天说地，相

互分享。

⑤ 询问：孩子面对事物有好奇与疑问，来询问父母，以及父母对孩子的言行与情绪所产生的询问。

⑥ 感受：沟通的同时，让孩子感受到我们支持他，相信他，跟他是一伙儿的。

面对亲子沟通，这份标准作业程序似乎过于简单，但方法是死的，人是活的。我们可以把它当作束手无策、进退维谷时的参考，在某一个突发事件中随机应变做出最佳反应。亲子沟通，没有最好的方法，只有最适合的方法。不管是对于孩子的个性发展，还是当时的情景情境，我们都要有极大的耐心与良好的情绪。试着做做看、努力说说看，相信亲子之间的关系会越来越好，沟通也会越来越顺畅。